冯国涛 / 编著

十二种性格 决定
十二种命运

性格是一种力量，更是一种资产。
好的性格是你向上攀登的阶梯，是你随身携带的无价之宝。

中国华侨出版社

图书在版编目（CIP）数据

十二种性格决定十二种命运/冯国涛编著. —北京：中国华侨出版社，2010.11
　ISBN 978-7-5113-0862-7

Ⅰ.①十… Ⅱ.①冯… Ⅲ.①性格—通俗读物 Ⅳ.①B848.6-49

中国版本图书馆 CIP 数据核字（2010）第 215834 号

● 十二种性格决定十二种命运

编　　著/冯国涛
责任编辑/梁兆祺
经　　销/新华书店
开　　本/710×1000 毫米　1/16　印张 15　字数 200 千字
印　　数/5001-10000
印　　刷/北京一鑫印务有限责任公司
版　　次/2013 年 5 月第 2 版　2018 年 3 月第 2 次印刷
书　　号/ISBN 978-7-5113-0862-7
定　　价/29.80 元

中国华侨出版社　北京市朝阳区静安里 26 号通成达大厦 3 层　邮编 100028
法律顾问：陈鹰律师事务所
编辑部：（010）64443056　　64443979
发行部：（010）64443051　　传真：64439708
网　　址：www.oveaschin.com
e-mail：oveaschin@sina.com

前　言

回眸生活的缩影，展开思绪而搜索，会发现：同样的社会背景，同样的家庭环境，同样的生活机遇，同样的智商，然而最后，有的人成功了，有的人却沦于失败。对此，有人谓之宿命，有人谓之机缘，果真是吗？非也，性格使然。性格是个万花筒，性格是把双刃剑，一个人倘若能塑造和完善多种优秀的性格于一身，那么，所谓的艰难、所谓的障碍，便无法阻挡住成功的进程。

英国大文豪狄更斯说过："一种健全的性格比一百种智慧都更有力量。"

法国作家让·克罗杜说过："从我们的幼年开始，每个人的身上就纺织了一件无形的外衣，它渗透于我们吃饭、走路以及待人接物的方式之中。这件外衣就是我们的性格。"

巴甫洛夫说，"性格是天生与后生的合成，性格受阻于祖代的遗传，在现实生活中又在不断改善与完美"。凡事顾其本，究其源，这才是成功的决定性因素。

性格并非是一成不变的，正如牛顿所言，尽管人们把性格看成是先天的，但它仍旧是自我修养的结果。性格不是生下来就是固定的。可近，可亲，富有魅力的性格是自己慢慢培养起来的。

性格是什么？简单地说，性格就是人在对待不同事物的态度和行为方式上表现出来的心理特征，如沉稳、豁达、急躁、坚韧、软弱、勇猛等。但是，性格又不是这么简单的，任何性格都有不同层次，文学家的沉稳与政治家的沉稳不一样，农民的豁达与军事家的豁达也不一样。因此说，性格是有文化底蕴的，不同的文化底蕴决定了不同的性格，因其

命运的归宿也不相同。

什么是命运？有人说，命运是无法把握的生死祸福，其实这只是对命运肤浅的认识，没有深入领会命运的内涵，是一种消极的想法。"三十而立，四十不惑，五十知天命。"这实际上就道出了一个人一生命运的轨迹。意思是说：30岁要知道自己想做什么，应该把自己的奋斗目标定下来；40岁比较成熟了，这时对人生没有什么疑问了；50岁已经能预测到自己的未来了，懂得了自己该做什么和怎样做。这是自己性格的显示，它与自己的命运联系在一起，把握了自己的性格，也就把握住了自己的命运。

但人的命，真的是天注定吗？非也。有时候是性格决定命运，性格不完全是与生俱来的，而是后天塑造的。艰难困苦，玉汝于成，自古雄才多磨难；生于忧患，而死于安乐，是智者与愚者的不同命运。塑造性格的主动权不在命运手中，而在每个人自己的心中。

《十二种性格决定十二种命运》一书，挖掘了人的12种健康性格。具有坚强性格的人，能挑战命运；具有自信性格的人，能征服命运；具有积极性格的人，能奋勇向上；具有刚毅性格的人，永不会低头；具有勇敢性格的人，无所畏惧；具有宽容性格的人，总会有容人之量；具有退让性格的人，退步正是为了前进；具有谦虚性格的人，做人做事有方有圆；具有诚信性格的人，受人爱戴；具有乐观性格的人，他们的心态总是充满阳光；具有精细性格的人，做事注重细节；具有自制性格的人，能掌控生活和时间。

当然，书中所列的12种性格，并不能把人的所有性格全部包容进去。我们只希望您能从中受到启发，得到帮助。调整好心态，通过重塑自己的性格，来把握自己的命运。

性格是一种力量，更是一种资产。只要你能扬长避短，选择最适合自己性格特长的发展方向，你就会发现一个崭新的自我！

目　录

一、坚强的人挑战命运：

有一种成功叫坚持

坚强是一种健康的性格……………………………………2
坚忍需要磨砺………………………………………………6
坚持不懈、遇挫不弱………………………………………8
咬紧牙关挺过去……………………………………………10
锲而不舍，金石可镂………………………………………13
以坚忍成就辉煌……………………………………………14

二、自信的人征服命运：

谁都可以拥有意义非凡的人生

自信的性格是成功的第一秘诀……………………………20
主宰命运就要相信奋斗……………………………………22
具备挑战未来的勇气和能力………………………………25

信心是战胜困难的法宝 ……………………………… 29
让自卑从生活中走开 ……………………………… 30
对自己有坚定的信心 ……………………………… 33

三、积极的人奋勇争上：

永远都要坐第一排

积极进取能激发潜能 ……………………………… 38
进取心是成功者的助推器 ……………………………… 40
铸就奋斗人生、练就强者风范 ……………………………… 42
不要让消极吞噬进取心 ……………………………… 45
任何艰难都会为进取者让路 ……………………………… 47
爱拼才会赢 ……………………………… 50

四、刚毅的人永不低头：

不可有傲气，不能无傲骨

刚毅有时成就了一个时代 ……………………………… 56
坚毅是强者不可缺少的 ……………………………… 62
失败了更要昂首挺胸 ……………………………… 64
不向败局妥协 ……………………………… 68
把挫折当成前进的阶梯 ……………………………… 71
耐心是性格，是成熟 ……………………………… 73

五、勇敢的人永不畏惧：

做独一无二的自己

靠自己救自己 ……………………………… 78
只有一个独特的你 ………………………… 79
要正确认识自己 …………………………… 81
做一个掌握自己命运的人 ………………… 82
成为自己命运的舵手 ……………………… 83
发现真实的自己 …………………………… 84

六、宽容的人包容博大：

做人要有容人之量

豁达是一种超然洒脱的性格 ……………… 88
豁达大度、宽宏大量 ……………………… 89
换个角度看事物 …………………………… 92
大度性格是解除疙瘩的最佳良药 ………… 95
小肚鸡肠，难成大器 ……………………… 98
得理也该宽容让人 ………………………… 99
摒弃性格中的狭隘与偏见 ………………… 101

七、低调的人安身立命：

退步是为了进步

以退让的性格化解麻烦 ………………………………… 106
成大事者，须"退而结网" ……………………………… 107
不争而争 后来居上 ……………………………………… 110
明智者当明察自己的不足 ………………………………… 112
达观权变，进退适宜 ……………………………………… 114
撒手悬崖，全身而退 ……………………………………… 117
固执的人不会明白事理,狂妄的人不会通达情理 ……… 119

八、谦虚的人不断进步：

外圆内方,坚持自己的底线

外圆内方 …………………………………………………… 124
平静地对待被别人冷落的日子 …………………………… 126
可以平凡,不能平庸 ……………………………………… 130
做人要机智灵活 …………………………………………… 133
相信自己：你并不比别人卑微 …………………………… 136
既要拿得起,还须放得下 ………………………………… 139
真心喜欢自己 ……………………………………………… 142

九、诚信的人受人爱戴：

赢得友谊与影响他人

善待别人就是善待自己……………………… 148
真正的友情是无价的………………………… 151
以真诚换取友谊……………………………… 153
当你对自己诚实的时候,这世界就没有人能够欺骗你…… 155
不要轻易向别人许诺………………………… 158
一诺千金,言出必行………………………… 162
赢得他人的尊重和敬畏……………………… 164

十、乐观的人拥有幸福：

阳光心态是快乐的根本

正视坎坷的人生……………………………… 168
笑对世间起伏事……………………………… 170
得失不必挂心上,乐观豁达就逍遥…………… 173
别让自己活得太累…………………………… 175
告别抑郁拥抱快乐…………………………… 179
用微笑打败忧虑……………………………… 183
不要怕别人占了便宜………………………… 185

十一、精细的人注重细节：

细节决定成败

嫉妒别人就是自毁形象	188
你不是宇宙的中心	190
小处更不可随便	193
小事不必争得太明白	196
马虎轻率误大事	199
耍"小聪明"会让自己吃亏	203
眼高手低会离成功越来越远	207

十二、自制的人把握自己：

掌控自己的时间和生活

别让奸诈主宰你的性格走向	212
自我封闭的性格要不得	215
把握性格优势最重要	216
不要挥霍你的时间	221
做自己生命的主人	225
实现自身价值，先要找到自己的位置	227

一、坚强的人挑战命运：
有一种成功叫坚持

　　成功者与失败者并没有多大的区别，只不过是失败者走了九十九步，而成功者走了一百步。失败者跌下去的次数比成功者多一次，成功者站起来的次数比失败者多一次。当你走了一千步时，也有可能遭到失败，但成功却往往躲在拐弯后面，除非你拐了弯，否则你永远不可能成功。坚强有两个原则，第一个原则是：坚持到底，永不放弃；第二个原则是：当你想放弃时回头看第一个原则，坚持到底，永不放弃！

　　放弃简单，坚持不易。坚持着的时候每一分每一秒都很艰辛，而放弃却非常的容易。比如爬山，已经很累的时候还咬着牙坚持，那往上的每一步都凝结着汗水和泪水，而下山就容易得多，手一放、眼一闭，管它会怎样，往下一跳，又回到刚开始的那个起点，一切重新来过。然而，你以前的付出也就随风而去了。

　　坚强是一种性格，更是一种力量。在人生的过程中，这种力量不仅体现在对事业的追求，而且同样体现在对一种精神的追求上。在很多情况下，这种追求甚至比知识的力量更强大。如果不坚持，到哪里都是放弃。如果这一刻不坚持，不管再到哪里，身后总有一步可退，可退一步不会海阔天空，只是躲进自己的世界而已，而那个世界也只会越来越小。

坚强是一种健康的性格

任何一条成功之路都不会是笔直平坦的，总会伴随着崎崎岖岖，沟沟坎坎，想成功攀达顶峰的人，必须要面对横亘的障碍和天然的险阻。在这些面前，只有性格坚强才能从容地跨越过去。

人生活在社会上，往往要参与有形或无形的竞争。人的一生，总是在不断地竞争中度过的。而竞争中就有实力的较量，当自己实力不如人之时，如果你的性格中有坚无忍，逞一时之勇，必会遭到致命打击，元气大伤，永无还手之力。坚强者也是坚忍者，在实力不如人之际，会选择后退。后退，看似失败，而并非真败。

必要的忍让和后退，是留给自己充分积蓄力量的空间，做更完善的准备，从而更快地进步，更加有把握地击败竞争对手。坚忍中的后退，是为了前进的后退，为了更有力地进攻而后退。暂时退一步，日后可以进两步或者更多步，甚至可以为以后的快速前进奠定基础。

明成祖朱棣是中国历史上著名的皇帝，他之所以能够登上皇位，一部分原因便是由于他坚忍的性格，善于审时度势，韬光养晦。他本为燕王，靠装疯这一招赢得了时间，最终发动了叛乱，打败了建文帝，登上了皇位，成为中国历史上著名的君主。

明朝的开国皇帝朱元璋有许多儿子，其中朱棣为人沉鸷老辣，很像朱元璋。在太子朱标病死以后，朱元璋曾想立朱棣为太子，但许多大臣表示反对，理由有二：一是若立朱棣为太子，对朱棣的兄弟则无法交代，二是不合正统习惯。

朱元璋无奈，只得立朱标的次子（长子已病死）为皇太孙。朱元璋死后，皇太孙即位，是为建文帝。建文帝年龄既小，又生性仁慈懦弱，他的叔叔们各霸一方，并不把他看在眼里。

原来，朱元璋把自己的子侄分到各处，称作亲王，目的是为了监视各地带兵将军的动静，以防他们叛乱，后来就分封各地，成为藩王。这样，许多藩王就拥有重兵，如宁王拥有八万精兵，燕王朱棣的军队更为强悍了。

这样一来，建文帝的皇权受到了严重的威胁，在一些大臣的鼓动之下，建文帝开始削藩。在削藩的过程中，杀了许多亲王，其中当然也有冤杀者。

燕王朱棣听了，十分着急。好在燕王朱棣封在燕地，离当时的都城金陵很远，又兼地广兵多，一时尚可无虞。僧人道衍是朱棣的谋士，他对朱棣说："我一见殿下，便知当为天子。"相士袁珙也对朱棣说："殿下已年近四十了，一过四十，长须过脐，必为天子，如有不准，愿剜双目。"在这些人的怂恿下，朱棣便积极操练兵马。

道衍唯恐练兵走漏消息，就在殿中挖了一个地道，通往后苑，修筑地下室，围绕重墙，在内督造兵器。又在墙外的室中养了无数的鹅鸭，日夕鸣叫，声浪如潮，以不使外人听到里面的声音。

但消息还是走漏出去了，不久就传到朝廷，大臣齐泰、黄子澄两人十分重视此事，黄子澄主张立即讨燕，齐泰以为应先密布兵马，剪除党羽，然后再兴兵讨之。

建文帝听从了齐泰的建议，便命工部侍郎张信为北平布政使，都指挥谢贵、张信，掌北平都司事，又命都督宋忠屯兵北平，再命其他各路兵马守山海关，保卫金陵。部署已定，建文帝便又分封诸王。

朱棣知道建文帝已对他十分怀疑，为了打消他的疑忌，便派自己的三个儿子高炽、高煦和高燧前往金陵，祭奠太祖朱元璋。建文帝正在疑惑不定，忽报三人前来，就立即召见，言谈之下，建文帝觉得除朱高煦有骄矜之色外，其他两人执礼甚恭，便稍稍安心。等祭奠完了朱元璋，建文帝便想把这三人留下，作为人质。朱棣早已料到这一着，在建文帝迟疑不决之际，飞马来报，说他病危，要三子速归。建文帝无奈，只得放三人归去。

　　魏国公徐辉祖听说了，连忙来见，要建文帝留下朱高煦。徐辉祖是徐达之子，是朱棣三子的亲舅舅。他对建文帝说："臣的三个外甥之中，唯有高煦最为勇悍无赖，不但不忠，还将叛父，他日必为后患，不如留在京中，以免日后胡行。"建文帝仍迟疑不决，再问别的人，别人都替朱高煦担保，于是，建文帝决定放行。朱高煦深恐建文帝后悔，临行时偷了徐辉祖的一匹名马，加鞭而去。一路上杀了许多驿丞官吏，返见朱棣。朱棣见高煦归来，十分高兴，对他们说："我们父子四人今又重逢，真是天助我也！"

　　过了几天，建文帝的朝旨到来，对朱高煦沿路杀人痛加斥责，责令朱棣拿问，朱棣当然置之不理。又过了几天，朱棣的得力校尉于谅、周铎两人被建文帝派来监视朱棣的北平都司事谢贵等人设计骗去，送往京师处斩了。两人被斩以后，建文帝又发朝旨，严厉责备朱棣，说朱棣私练兵马，图谋不轨。朱棣见事已紧迫，起事的准备又未就绪，就想出了一条缓兵之计：装疯。

　　朱棣披散着头发，在街道上奔跑发狂，大喊大叫，不知所云。有时在街头上夺取别人的食物，狼吞虎咽，有时又昏沉沉地躺在街边的沟渠之中，数日不起。谢贵等人听说朱棣病了，前往探视。当时正值盛夏时节，烈日炎炎，酷热难耐，但见燕王府内摆着一座火炉，烈火熊熊，朱棣坐在旁边，身穿羊皮袄，还冻得瑟瑟发抖，连声呼冷。两人与他交谈时，朱棣更是满口胡言，让人不知所以。谢贵等人见状，相互对视了一下，就告辞了。

　　谢贵把这些情况暗暗地报告给了朝廷，建文帝有些相信，便不再成天琢磨着该怎样对付燕国了。但朱棣的长史葛诚与张、谢二人关系极好，告诉他们燕王是诈疯，要小心在意，谢贵二人还不大相信。过了许久，燕王派一个叫邓庸的百户到朝廷去汇报一些事情，大臣齐泰便把他抓了起来，严加拷问，邓庸熬不住酷刑，就把朱棣谋反的事从头至尾说了一遍，建文帝知道后大惊，便立即发符遣使，并密令谢贵等人设法图燕，再命原为朱棣亲信的北平都指挥张信设法逮捕朱棣。

张信犹豫不决，回家告诉母亲，母亲说："万万不可，我听说燕王应当据有天下，王者不死，难道是你一人所能逮捕的吗？"张信便不再想法逮捕朱棣，可朝廷的密旨又到了，催他行事，张信举棋不定，便来见朱棣，想看个究竟。

而朱棣托病不见，三请三辞，张信无奈，就换了衣服前往，说有秘事求见，朱棣才召见了他。进了燕王府，但见朱棣躺在床上，他就拜倒在床下。朱棣以手指口，迷糊而言，不知所云。张信便说："殿下不必如此，有事尽可以告诉我。"

朱棣问道："你说什么？"张信说："臣有心归服殿下，殿下却瞒着我，令臣不解。我实话告诉你，朝廷密旨让我逮你入京，如果你确实有病，我就把你逮送入京，皇上也不会把你怎么样；如果你是无病装病，还要及早打算。"

朱棣听了此话，猛然起床下拜道："恩张恩张！生我一家，全仗足下。"张信见朱棣果然是装病，大喜过望，便密与商议。朱棣又召来道衍等人，一同谋划，觉得事不宜迟，可以起事了。这时，天忽然刮起了大风，下起了暴雨，殿檐上的一片瓦被吹落下来，朱棣显得很不高兴。道衍进言说："这是上天示瑞，殿下为何不高兴呢？"朱棣漫骂道："秃奴纯系胡说，疾风暴雨，还说是祥瑞吗？"道衍笑道："飞龙在天，哪得不有风雨？檐瓦交堕，就是将易黄屋的预兆，为什么说不祥呢？"朱棣听了，转怒为喜。

一、坚强的人挑战命运：有一种成功叫坚持

5

于是，朱棣设计杀死了张信、谢贵两人，冲散了指挥使彭二的军马，安定了北平城，改用洪武三十二年的年号，部署官吏，建制法令，公然造反了。经过三年的反复苦战，朱棣终于打败了建文帝，登上皇位，并迁都北平，成为中国历史上较有作为的皇帝。

朱棣的成功可以说得益于他坚忍的性格。

在竞争中，成大事者在自己的实力大于对方时，就会主动出击，以秋风扫落叶之势奠定胜局；如果实力大不如人，便能坚忍，审时度势，以退为进，避其锋芒，退而积蓄自己的力量，并诱敌深入窥其缺点，然后主动出击，后发制人，挽回局面。

坚忍需要磨砺

在现实生活中，不管是做人还是做事，每个人都难以避免遭遇失败和挫折。世上有许多人很注重事情表面的结果，只以成败论英雄，一旦遭到失败和挫折就马上放弃了。然而，人世间的许多事情，很难做到一举成功，必须具有坚忍不拔的性格才能坚持到底。因此，做事的过程才是最重要的：一个人如果在失败时不忘初衷，具备了跌倒之后随时可以爬起来的勇气和毅力，他就有希望走向最后的成功。

在日本曾经有一位父亲很为他的孩子而苦恼，因为他的儿子虽然已经长到十五六岁了，可是却一点也没有男子汉的气概。于是，这位父亲只好去拜访一位在寺院修行的禅师，请他帮助训练自己的孩子。禅师对他说："你把孩子留在我的寺院里吧。三个月以后，我一定可以把他训练成真正的男人。不过，这三个月之内，你不可以来看他。"父亲考虑了一下之后同意了禅师的要求。

三个月之后，那位父亲如约来接他的孩子。禅师安排孩子和一个空手道教练进行一场比赛，以此展示这三个月的训练成果。教练一出手，孩子便应声倒地。那孩子站起来继续迎接挑战，但马上又被打倒，他就又站起来……就这样来来回回一共16次。禅师问父亲："你觉得孩子的表现够不够男子气概？"父亲回答说："我简直羞愧死了！心痛死了！！！想不到我送他来这里受训三个月，看到的结果是他竟然这么不禁打，被人一打就倒。"禅师说："我很遗憾你只看重表面的胜负。你有没有看到你儿子那种倒下去之后立刻又站起来的勇气和毅力呢？那才是真正的男子汉气概啊！"

坚忍要磨砺，急火难做美食。只要站起来比倒下去多一次就是走向成功。那些渴望成功的人，都懂得不能因为暂时的失败和挫折而自暴自弃，反而应该更加努力上进。

很早以前，在荷兰的一个小镇，来了一个初中文化程度名叫列文虎克的年轻农民。他的工作是为镇政府守大门，一干就是几十年。他在工作之余，不下棋不打牌，只爱磨镜片。为了钻研磨镜技术，他到处求师访友，向眼镜匠学习，向炼金家请教，常在寂寞的深夜磨个不停。由于忙，他便减少了与亲友的往来，有人骂他是"不近人情的家伙"。对此，列文虎克无动于衷，锲而不舍地勤奋工作，磨出的复合镜片的放大倍数超过了专业技师，最终制成了当时无与伦比的精细显微镜，揭开了科技尚未知晓的微生物世界的"面纱"。为此他被授予巴黎科学院院士的头衔，英国女王访问荷兰时，还专程到这个小镇拜会他，英国皇家学会也选他为会员。

列文虎克的成功告诉我们，干任何事情都要有坚忍不拔的精神。许多人在事业上的失败，常常不是因为没有选准目标，也不是因为难度大得不得了，而是因为他们缺乏坚强的意志和坚韧的品格。宋朝苏轼说过：古之成大事者，不唯有超世之才，亦必有坚忍不拔之志。这是一个

客观规律，古今中外，概莫能外。列文虎克打磨镜片，一干就是几十年，其中的艰辛、枯燥和乏味不言自明，没有坚忍不拔的意志和锲而不舍的精神是万万不行的。他走的是一条"光荣的荆棘路"，打磨镜片是那样细小平凡，为了把手头上的每一块镜片磨好，他扎扎实实、一丝不苟地用尽毕生的心血完成每一个平淡无奇的动作。在他85岁那年，朋友们劝他安度余生，离开显微镜，他却说："要成功一件事，必须花掉毕生的时间……"他活到90岁的高龄，也没有离开显微镜。正是把坚忍不拔的品格作为成功法宝，列文虎克才走过了漫长而坎坷的崎岖小路，用辛劳的汗水浇出了绚丽的成功之花。

科学上的许许多多所谓"一举成功"、"一鸣惊人"的壮举，都是长久地进行顽强劳动的结果。都是以坚忍的性格和锲而不舍的精神去战胜无数困难的结果，诺贝尔奖获得者、化学家戴维斯说："真正的雄心壮志几乎全是智慧、辛勤、学习、经验的积累，差一分一毫也达不到目的。"至于那些一鸣惊人的学者，只是人们觉得他一鸣惊人，其实他下的功夫和潜在的智能，别人事前未能领会到。要想取得成功，没有什么"捷径"可走，也没有什么"锦囊妙计"，最需要的就是坚韧不拔的性格。正如法国微生物学家巴斯德所说："告诉你使我达到目标的奥秘吧，我唯一的力量就是我的坚持精神。"

坚持不懈、遇挫不弱

坚持不懈的性格是在个人的实践活动过程中逐渐发展形成的，它孕育在切实的劳动中，成长在和困难的斗争里。困难愈大，斗争愈艰巨、愈持久，愈能培养和锻炼坚持不懈的性格。刚强意志并不是一朝一夕所形成，它是长期磨炼、潜移默化的结果。像战斗英雄们在战斗中所表现出来的勇敢和刚强，并非来自战场上一时的冲动。相反，在英雄平时的生活中，在他们千百件的日常小事中，就已经包含着刚强性格的因素了。

前苏联英雄奥斯特洛夫斯基，在革命战争中受伤，后来引起全身瘫痪、双目失明、周身疼痛，光只是活下去就必须有巨大的毅力。但奥斯特洛夫斯基不仅咬紧牙关活下去，还以惊人的毅力写出了《钢铁是怎样炼成的》的名著。奥斯特洛夫斯基的刚毅精神，也是在布尔什维克党培养教育下形成的革命人生观的直接结果。在今天的社会中涌现出来的一大批改革者中，许多人不忘时代的使命，他们强烈地感受到了一种"把改革推向前进"的使命感和责任感。因而他们能够跳出个人得失的圈子，关注改革的命运，能够冲出逆境，战胜厄运，以顽强刚毅的精神去争取改革的成功。由此可见，顽强刚毅的精神，实际上已超出了个人性格的范畴，它在很大程度上要靠人生信仰、追求等坚强的精神支柱来支撑。

第二次世界大战时期，美国有位海军上尉叫史密斯，他发现他的队长用来打靶的新方法很好。他想，如果用这种方法训练炮手，一定能收到极好的效果，一定能节省不少炮弹。于是，他写了一封信给他的上司，但他的上司对这个意见毫无兴趣。没办法，他又大着胆子写信给更高的长官，可是他的提议仍被驳回。他还是没有退却，他深信自己的提案是一个好的提案，对军队是有好处的。他继续向上申请，直到海军部长，可还是到处碰壁，没有人采纳他的建议。

最后，他索性直接写信给罗斯福总统了。这样做是冒着危险的，因为依当时的军法，一切下级军官的公文，均须申交直属上级，然后由上级再依次转交上去。而史密斯为了自己的那个到处碰壁的建议，竟一炮轰到总统手里，他犯下了严重的藐视上级罪。

一、坚强的人挑战命运：有一种成功叫坚持

9

这位上尉冒死进谏，终于得到了一个满意的答复。罗斯福总统郑重地同意考虑这个意见，他立即把上尉召来，给了他一次机会：当场试验他的意见对或不对。

他们在某处圈定了一个目标，先令军舰上的炮手用老式开炮法打靶，结果白白浪费了5个钟头的时间和大批炮弹，却一次也没有击中，而采用新方法却收到了良好的效果。罗斯福总统因此对他大加赞赏。

史密斯对于他的意见有着充分的自信，碰壁而不退却，非一般人可比。他确信自己的方法正确后，能够坚持不懈地坚持自己的主张，遇挫折而不灰心，终于如愿以偿，获得圆满的结果。

一个人能在任何情况下都勇敢地面对人生，无论遭遇到什么，依然保持生活的勇气，保持不屈的奋斗精神，他就是生活中的强者，一个真正刚强的人。相反，有些人在工作中遇到挫折、失败，或其他生活不幸事件的打击面前，之所以一蹶不振，精神崩溃，弄到十分可怜的地步，一个重要原因就是缺乏坚强刚毅的性格。

咬紧牙关挺过去

大多数的人只是看到了成功人士的无限风光，而那些不为人知的经历才是他们眼中莫大的财富。世上有很多著名的失败案例，但这之后几乎都是耀眼璀璨的成功，面对困境，人们可能担心、惶恐、慌乱，也可能努力去解决问题。动摇和恐惧，会使问题更难解决，而集中精神努力去解决问题，才能挺过艰难的时刻。只有咬紧牙关，一步步努力撑下去。

性格坚韧，是成大事、立大业者的特征。这些人获得巨大的事业成就，也许没有其他卓越品质的辅助，但肯定少不掉坚韧的特性。已过世的克雷吉夫人说过："美国人成功的秘诀，就是不怕失败。他们在事业上竭尽全力，毫不顾忌失败，即使失败也会卷土重来，并立下比以前更坚韧的决心，努力奋斗直到成功。"

坚韧、勇敢，是伟大人物的特征。没有坚韧、勇敢品质的人，不敢抓住机会，不敢冒险，一遇困难，便会自动退缩，一获小小成就，便感到满足。

那些一心要得胜、立意要成功的人即使失败，也不以一时失败为最后之结局，还会继续奋斗，在每次遭到失败后再重新站起，比以前更有决心地向前努力，不达目的决不罢休。他们不知道什么是"最后的失败"，在他们的词汇里面，也找不到"不能"和"不可能"几个字，任何困难、阻碍都不足以使他们跌倒，任何灾祸、不幸都不足以使他们灰心。

有这样一个故事：在一场国际现代舞蹈大赛中，世界各国都派出"舞林高手"展现舞技，其中有一项是华尔兹的比赛，有十多对来自不同国家的舞者，穿着亮丽的舞衣在场中翩翩起舞。

世界级的舞蹈，男女舞者的舞技都是一流的，每个旋转、手势、眼神、微笑都是那么优雅，令人叹为观止。

正当所有观众都被现场气氛吸引时，有一位裁判慢慢地走到舞池边，静静地捡起一只红色的高跟鞋。然而，华尔兹的优美乐曲并没有停止，十多对舞者仍然一副专注、忘我的模样，微笑地继续舞蹈。

是谁掉了一只鞋？不可能是从天外飞来的，也不会是从房顶上掉下来的，一定是哪位女舞者在旋转时甩掉的。

音乐继续着，但是所有观众的目光，似乎都开始寻找"是谁掉了鞋"。

两脚高低不同，对一场舞蹈来说，是多么糟糕的状况啊！观众的目光搜寻全场,然而十多对舞者随着乐曲不停地旋转,根本看不出是谁出了问题。

直到华尔兹乐曲结束,观众才发现,其中一位女舞者正踮着脚,满面笑容地半弯着腰,向观众答礼;而观众向她报以热烈的掌声!或许,正是因为有困境的考验,人们才能不断超越自己。

那些人生的失败者,往往是不能坚持到成功的人。

著名心理学家、哲学家威廉·詹姆斯发现了这样的过程:"如果我们被一种不寻常的需要推动时,那么,奇迹将会发生。疲惫达到极限点时,或许是逐渐地,或许是突然间,我们超越了这个极限点,找到了全新的自我!"詹姆斯继续解释道:"此时,我们的力量显然到达了一个新的层次,这是经验不断积累、不断丰富的过程。直到有一天,我们突然发现自己竟然拥有了不可思议的力量,并感觉到难以言表的轻松。"

同样,我们拥有了高度自律的能力,我们也将拥有詹姆斯所描述的那种跨越"疲惫极限"并最终实现目标的能力,因为坚韧实际上也是一种习惯。坚韧这一习惯的过人之处便在于,你表现得越坚韧,你可能变得越坚韧。

事实是,坚韧对于改变我们的生活、实现我们的目标至关重要。许多事实证明:世界上一切事业,只要人们勇敢地坚持去做,都会获得成功,所有的贫困、不悦可以被尽数打破。

如果你觉得目前自己前途无望,觉得周围一切都很黑暗惨淡,那么你应当立即转过身、回过头,朝着希望和期待的阳光前进,而将黑暗的阴影远远抛在身后。

坚韧是解决一切困难的钥匙,试看诸事百业,有哪一种可以不经坚韧的努力而获成功呢?

在世界上,没有什么东西可以替代坚韧,教育不能,父辈的遗产不能,有力者的垂青也不能,而命运则更不能,因为宿命论者总是在忧忧戚戚中耗费自己的青春。

真正的勇敢不是对什么事都毫不畏惧，而恰恰是在自己非常胆怯的情况下敢于去做！真正的强者并不是一直处于成功巅峰的人，而是属于敢于直面失败、挫折的人！

锲而不舍，金石可镂

锲而不舍，金石可镂是一种健康的性格，是一种宝贵的精神，是通往理想的金桥，是攀登高峰的云梯，是每一个优秀者的必备品质。它对推动个人的成长及事业的成功具有巨大的决定作用。

1956年哈默购买了西方石油公司。当时为控制油气资源而进行的竞争十分激烈，美国的产油区被大的石油公司瓜分殆尽，哈默一时无从插手。1960年他花费了1000万美元勘探基金却毫无所获。这时一位年轻的地质学家提出，旧金山以东一片被德士古石油公司放弃的地区可能蕴藏着丰富的天然气资源，他建议哈默公司把它买下来。于是哈默重新筹集资金在被别人废弃的地方开始钻探，当钻到262米深时，终于钻出了价值2亿美元的加州第二大天然气田。

日本名人市村清池，在青年时代曾担任富国人寿熊本分公司的推销员，每天到处奔波拜访，可是连一张合约都没签成，因为保险在当时是很不受欢迎的一种行业。

连续68天除了少数的车马费外，他没有领到薪水，就连最基本的生活都保障不了。到了最后，已经心灰意冷的市村清池就同太太商量准备连夜赶回东京，不再继续拉保险了。此时他的妻子却含泪对他说："一个星期，只要再努力一个星期看看，如果真不行的话……"

第二天，他又重新打起精神到某位校长家拜访，这次终于成功了。后来他曾描述当时的情形："我在按铃之际所以鼓不起勇气的原因是，已经来过七八次了，对方觉得很不耐烦，这次再打扰人家一定没有好脸色让我看。哪知道对方这个时候已准备投保了，而且是只差一张契约还没签而已。假如在那一刻我过门不入，我的那张契约也就签不到了。"

在签了那张契约之后，又接二连三有不少契约接踵而来，而且投保的人也和以前完全不同，都主动表示愿意投保。许多人的自愿投保给他带来了无人可比的勇气与精神，在一月内他就一跃成为富国人寿推销员中的佼佼者。

"锲而舍之，朽木不折；锲而不舍，金石可镂。"金石比朽木的硬度强多了，不要因为它硬，你就放弃雕刻，那样等待你的永远只能是失望；只要锲而不舍地镂刻它，天长日久，是完全可以雕出精美的艺术品来的。成功不也是这样吗？只要你努力地追求，就一定能品尝到胜利的硕果。

有许多功亏一篑而没有成功的事情都是因为少了一分坚持，少了一分忍耐。须知，成就任何一项事业，遇到一时的挫折或失败都是难免而正常的，但绝不是不可战胜的。

以坚忍成就辉煌

坚韧不屈是坚强性格的最大特征，拥有这种性格的人，美丽的桂冠必将为其所摘，光明之门必将为其打开，因为失败只是垫脚石，只是开辟成功的过程。

居里夫人就是这种性格，她几十年如一日孜孜不倦地探索、试验，终于把"镭"带给了全人类。同时也告诉了人们一个事实：只有坚忍的性格，锲而不舍地追求才能成就伟大的事业。

谈到居里夫人，人们马上会想到她在科学上的巨大成就，而且也会想到她曾两次获得诺贝尔物理奖，是世界上一位卓越的女科学家。而这些成功的一部分动力正是其坚韧不屈的性格。

居里夫人名玛丽，出生在波兰一个贫穷的教师家庭。也许是家庭的贫困造就了玛丽坚强不屈的个性，以至于日后在人类科学史上留下崇高的身影。

玛丽的家境虽然贫寒，但却陶冶了她良好的情操和勤奋的求知欲。她自幼聪明、刻苦，中学毕业后，由于母亲过早的去世和父亲年迈退休，年轻的玛丽不得不辍学出外谋生，去离华沙100公里的田产管理人Z先生家当家庭教师。但这并没能消磨玛丽勤奋刻苦的求学精神。

Z先生一家都对玛丽的工作很满意，他们尊敬她，到了她的生日，他们还送她鲜花和礼物。Z先生的长子卡西密尔恋上了这个聪明娴雅的女教师，而玛丽也喜欢上了这个漂亮且讨人喜欢的学生。谁知，二人的恋爱竟遭到了Z先生一家的竭力反对。他们认为，卡西密尔是他们最爱的孩子，他是很容易娶到当地门第最好而且最有钱的女子的，现在竟会选中一个一文不名的女子，难道他疯了么？卡西密尔受到严厉的斥责之后，动摇了决心，他是个没有什么个性的青年。玛丽感到了富人对她的轻视，觉得很痛苦，她打定了主意，永远不再想到这次恋爱。一个性格坚忍的人越是在遭受打击时就越发变得顽强。为了使父亲不为此伤心，为了每月能给求学的二姐以资助，个性坚强的玛丽忍受了莫大的屈辱，继续在Z先生家工作，直至1889年才到了华沙另一位富有的F先生家中。

1891年，24岁的玛丽终于结束了长达近6年的单调的家教工作，坐上了开往巴黎的火车，开始了她光辉灿烂的新生活。她也许没有想到，她从此迈进了一个崭新的、广阔的世界，并改变了她的一生。这年11月，她兴奋地踏进了著名的法兰西共和国理学院。入学后，她如饥似渴地刻苦学习，而对那些温情脉脉亲近她的青年人毫不感兴趣，她发誓保持独立的生活，不再谈恋爱。每次考试，她都成绩优异、名列前茅。

后来玛丽同法国著名物理学家彼埃尔·居里结婚。彼埃尔·居里是一位天才的学者，他在国内几乎默默无闻，但已经深为外国同行所推崇。他从小向往科学，思维独特，19岁时，就被任命为巴黎大学理学院德山教授的助手。

彼埃尔和玛丽结婚后，生活很拮据，但他们志同道合，相亲相爱，在十分艰苦的条件下进行着科学试验，而且配合得天衣无缝。当时在欧洲没有人对铀射线做过深入的研究，但居里夫妇认为，科学必须开拓无人走过的路，不然就不叫科学研究，于是他们选择铀射线为题目，探索铀沥青矿里第二种放射性的化学元素。他们买不起这种原料矿苗，就想利用廉价的铀沥青残渣。几经周折，他们用自己的钱买到了矿渣。原料有了，却没有实验室，向市政府申请却遭到拒绝后，他们只得在理化学校借到一间堆置废物的厂棚。在这间破烂屋子里，他们习惯了酷暑和严寒，使用着极其简单的工具，把残渣弄碎加热，忍受着刺鼻的气味，连续几个钟头搅动大锅里的溶液，居里夫人是学者、技师，同时也是苦力。夫妇二人以超人的毅力一公斤一公斤地提炼了成吨的沥青矿渣，经过无数次的失败，反复地分析、测定和试验，终于在第8吨的铀沥青残渣中，先后发现了钋和镭两种天然放射性元素，从而为促进原子能科学的发展起了重要的推动作用。而这一切没有坚忍的性格和巨大的勇气是绝对做不到的。

钋和镭的发现，轰动了世界，居里夫妇每天收到大批的信件，全世界都为这项空前的业绩感慨万端。玛丽和彼埃尔声誉鼎沸，1903年12

月他们获得了诺贝尔物理奖。

正当他们在科学高峰上勇敢攀登、取得一个又一个胜利的时候,一个震惊世界的不幸事件发生了,当彼埃尔通过道芬街前往巴黎科学院时,被一辆拉货的马车撞倒了,他的颅骨被压坏,当场丧命。

彼埃尔的遇难,像晴天霹雳,使玛丽遭受了一场难以支撑的打击。那年,她38岁,丈夫的去世使她失掉的不仅是日夜相伴的爱人,而且是在科学研究的艰苦道路上共同奋斗的亲密战友。她伤心,她难过。

但居里夫人毕竟不是一般女性,她有着坚忍的个性,残酷的打击并没有击倒这位坚强的女科学家。她在处理完丧事之后,毅然鼓起勇气,担负起彼埃尔遗留下的工作。除完成繁重的教学任务和指导实验之外,她还埋头整理丈夫的笔记和遗稿,继续进行放射性元素的研究工作。

"镭的发现将创造出亿万财富"。如果居里夫妇呈报专利的话,他们将从世界各国得到制镭的专利费。但是,他们没有这样做。玛丽和彼埃尔认为,科学应当属于全人类,毅然毫无保留地公布了他们苦心研究的成果。结果首先向居里夫妇要求提炼镭的实业家发了大财。上世纪20年代初期,一克镭的价格高达10万美元。30年代,加拿大发现了铀矿之后,爆发了一场价格战。一项卡特尔协定于1938年规定,一克镭的最低价格为2.5万美元,可想而知,如果居里夫妇索要专利,可以获得巨大的财富。然而,他们作出的不要专利的决定,既符合他们所遵循的基本原则——大公无私,也符合科学精神。

居里夫人胜不骄,败不馁,这种坚忍不拔的个性永远鞭策她勇往直前。她的研究成果,再次受到世界科学界的重视。1911年年末,瑞典科学院的评判委员会,再次授予居里夫人诺贝尔化学奖,她还取得了"镭王后"的称号。

玛丽两次获得20世纪学者的最高荣誉,多次获得国家奖金,获得了世界上上百个名誉头衔,堪称独步科学界。在荣誉面前,居里夫人只

有一句话："在科学上我们应该注意事实，不应该注意人的等级观念。"即使是论功行赏，她也始终以一颗平常心而视之。正如爱因斯坦所说的："在所有的著名人物中，居里夫人是唯一不为荣誉所颠覆的人。"

一个伟大的发现，一种传遍世界的声望，两次诺贝尔奖，使当时许多人钦羡玛丽，也因此使许多人仇视她。恶毒的诬蔑，像一阵突如其来的狂风一样，扑到她身上，并且企图毁灭她。但这一切并没有击倒居里夫人，生就坚韧不屈的个性，使她倔强地挺立着。

居里夫人无疑是世界上最伟大的科学家之一，这成功归根结底来自于她坚忍不屈的个性，丈夫的死难，灭国之辱，学术界上险恶之徒的攻击，这一切都没能阻止居里夫人的孜孜探求。个性坚忍的居里夫人顶住了痛苦、侮辱，终于把自己的巨大科学成就留给了后人。

二、自信的人征服命运：
谁都可以拥有意义非凡的人生

爱默生说过，一个人就是他成天所想象的那种样子，他怎么可能成为另一种样子呢？只要知道你在想些什么，就知道你是怎样的一个人，因为每个人的性格，都是由思想造成的。思想的作用是巨大的，因而正确积极的思想对一个人的生活与成功意义也是非常巨大的。你的思考决定你的行动，你的行动则决定别人对你的看法，因此，你必须拥有健康积极的性格，相信自己是最优秀的。

"你认为你行，你就行"。在遇到困难的时候，找不到前进的方法，在这个时候，有没有信心，效果会很不同。只有在这个时候，真正地相信自己，那才是对自己有信心。凭借这种信心，可以在没有思路中找出思路，在困境中向前突破。如果这个时候，丧失了对自己的信心，自己也不再相信自己，我们也就没有了继续向前突破的精神支柱，那么即使有潜能也没有机会发挥，未来的发展也就成为了幻影。

"信心是永恒的特效药，她赋予思想以力量和生命"，信心是种神奇的东西，凭借着信心，诞生了许多奇迹，而且在信心的指引下，还有许多奇迹能够被创造出来。信心是一种深远、本能的精神力量，顾名思义，信心调动的方法就是你要彻彻底底地相信——相信自己，相信潜能，相信自己背后无限的力量。相信了这些就打开了能量的阀门，就打开了希望的天空，于是一切就有了新的可能，就有了新的超越。

自信的性格是成功的第一秘诀

　　自信是一种积极的性格表现，是一种强大的力量，也是一种最宝贵的资源。在人生的旅途上，是自信开阔了求索的视野；是自信，催动了奋进的脚步；是自信，成就了一个又一个梦想。可以说，没有自信，梦想只会是海市蜃楼；没有自信，生命只会是灰色基调；没有自信，再简单的事都会被认为是跨越不过去的障碍。须知，在生命的长河中，有顺境，也有逆境；有成功的喜悦，也有失败的苦涩。并且，通往成功的道路，决不会是一帆风顺的，有时会荆棘丛生，甚至会出现断崖。这时，更需要自信心作为我们精神的支柱，否则，成功将与我们无缘。

　　有一个相貌丑陋的小孩，说话口吃，而且因为疾病导致左脸局部有麻痹，嘴角畸形，讲话时嘴巴总是歪向一边，还有一只耳朵失聪。

　　为了矫正自己的口吃，孩子模仿古代一位有名的演说家，嘴里含着小石子讲话，看着嘴巴和舌头被石子磨烂的儿子，妈妈心疼地抱着他流着泪说："不要练了，妈妈一辈子陪着你。"

　　懂事的他替妈妈擦着眼泪说："妈妈，书上说，每一只漂亮的蝴蝶，都是自己冲破束缚它的茧之后才变成的。我要做一只美丽的蝴蝶。"

　　后来，他能流利地讲话了。因为勤奋和善良，他中学毕业时，不仅取得了优异成绩，还获得了良好的人缘。

　　1992年10月，他参加总理大选，他的成长经历被人们知道了，并赢得了极大的同情和尊敬。他说的"我要带领国家和人民成为一只美丽的蝴蝶"的竞选口号，使他以高票当选为总理，并在1997年连任，人们亲切地称他为"蝴蝶总理"。

他就是加拿大第一位连任两届的总理让·克雷蒂安。

迈克尔·乔丹是世界上最伟大的篮球明星，但是，你能想到吗？在高中的时候，迈克尔·乔丹曾经是篮球队的落选者。他跑去问为什么没被录取，教练说："第一，你的身高不够；第二，你的技术太嫩了。你以后不可能进大学打篮球。"他对教练说："你让我在这个球队练球吧，我愿意帮所有的球员拎球带，帮他们擦汗，我不需要上场，我只求我能跟球队练球，能有跟他们切磋球技的机会。"教练看到这个人如此热爱篮球，就答应了他的要求。比赛一完乔丹真的去为别的球员擦汗。

全世界最伟大的篮球明星就是这样从跑龙套开始的。

一个人有了自信，才能克服种种艰难，才能充分发挥自身的才智，从而在事业上做出伟大的成就。

拿破仑就是一个充满自信、具有顽强信念的人。据说只要拿破仑亲率军队作战，军队的战斗力便会增强一倍。原来，军队的战斗力在很大程度上基于士兵们对统帅敬仰的信心。如果统帅持有优柔寡断的性格，全军的士气必然会混乱不堪。拿破仑的自信与坚强，使他统率的每个士兵都增加了战斗力。

自信有多大，一个人的成就就有多大；人的成就，决不会超出自信所达到的高度。拿破仑在率领军队越过阿尔卑斯山的时候，面对着严寒冷峻的高山，如果他首先怯下阵来，那么，他的军队永远也不会越过那座高山。所以，坚定不移的自信心，是一切成功之源。

有一次，一个士兵骑马送信给拿破仑，由于马跑得太快，在到达目的地之前猛跌了一跤，那马就此一命呜呼。拿破仑接到信后，立刻写了回信，交给那个士兵，吩咐士兵骑自己的马，迅速把回信送走。

士兵看到这匹骏马非常强壮，身上的装饰无比华丽，便说："不，将军，我只是一个默默无闻的士兵，实在不配骑这匹华美强壮的骏马。"

拿破仑则严肃地告诉他："世上没有一样东西，是法兰西士兵所不

配享有的。"

像上述这个法国士兵心态的人，世界上到处都有，他们以为自己的地位太低微，自己太不起眼，别人所有的种种幸福，是不属于自己的，自己是不配享有的，以为自己是根本不能与那些伟大人物相提并论的。这种自卑自贱的观念，往往成为不求上进、自甘堕落的主要原因。

自信的性格对于立志成功者具有重要意义。有人说：成功的欲望是创造和拥有财富的源泉。人一旦拥有了这一欲望并经由自我暗示和潜意识的激发后形成一种信心，这种信心便会转化为一种"积极的感情"。它能够激发潜意识释放出无穷的热情、精力和智慧，进而帮助其获得巨大的成就。

主宰命运就要相信奋斗

一个人的命运如何，决不是先天注定、决不是上帝主宰。那种抱着宿命论的认识看待命运的人，只会在消极的意识中埋没自己，拖垮自我。须知任何时候自身的命运都由自己的性格主宰，其最好而又最有效的方法就是奋斗。

有位太太请了一个油漆匠到家里粉饰墙壁。油漆匠一走进门，看到她的丈夫失去了双腿，顿时心怀怜悯。可是男主人一向开朗乐观，油漆匠在那里工作的那几天，他们谈得很投机，油漆匠也从未提起男主人的缺憾。

工作完毕，油漆匠取出账单，那位太太发现在原先谈妥的价钱上打了一个很大的折扣。她问油漆匠："怎么少这么多呢？"油漆匠回答说："我跟你先生在一起觉得很快乐，他对人生的态度，使我觉得自己的境况还不算最坏,所以减去了那一部分,算是我对他表示一点谢意,因为他使我发现原来自己的生活是这么幸福。"油漆匠的这番话使她淌下眼泪,因为这个油漆匠也只有一只手。

江灿腾,一位坚持苦学的工人博士,1946年出生在中国台湾地区桃园大溪,是当地富裕望族之后。他的父亲在听信算命师的一句话——活不过35岁的宿命下,短短几年内,荒唐地败光家产,以享受人生。不过,老天可没让他如愿,过了35岁,江灿腾的父亲仍旧活得好好的!江家自此陷入困境,江灿腾也因此而辍学,开始打零工贴补家计的日子。他做过水泥小工、店员、工友等,他尝尽人生冷暖。可他并不甘于当一名小工人,在当兵复员考入飞利浦公司后,他自学通过国中、高中的同等学历考试,并于32岁考上师大历史系,自此踏上学术研究之路,于54岁时拿到台大史学博士。

从工人到博士,江灿腾在家变、失学等逆境当中,找到了生命的价值,从而坚定了人生的信念。

约翰·梅杰被称为英国的"平民首相",这位犀利的政治家是白手起家的典型。他是一位杂技师的儿子,16岁时就离开了学校。他曾因算术不及格未能当上公共汽车售票员,饱尝了失业之苦。但这并没有压垮年轻的梅杰,这位能力十足、具有坚强信心的小伙子终于靠自己的努力摆脱了困境。经过外交大臣、财政大臣等8个政府职务的锻炼,他终于当上了首相,登上了英国的权力之巅。有趣的是,他也是英国唯一领取过失业救济金的首相。

巴尔扎克说:"挫折和不幸,是天才的进身之阶、信徒的洗礼之水、能人的无价之宝、弱者的无底深渊。"面对生活中的诸多坎坷和不幸,强者相信奋斗,首先战胜自己;弱者则屈服于自己,只能去被动地相信命运。

高尔基说得好,社会是一所大学。当我们融入社会,当我们积极思考这个社会,当我们为自己在这个社会找到座标后,我们就有成功的可能。

张海迪身残志坚,自信自强,不息奋斗的故事就感动和激励过无数人。

她曾动过3次大手术,摘除了6块椎板,严重高位截瘫,自第二胸椎以下全部失去知觉。1970年随父母下放至西北农村——莘县十八里堡公社尚楼大队。由于当地农村缺医少药,农民常受病魔的折磨。为了缓解百姓的痛苦,张海迪自学了针灸,为百姓带去福音。

1970年随父母迁到莘县后,张海迪曾有一段时间待业在家。她阅读了大量的医学专著,积累了丰富的经验,免费为病人诊治疾病。同时,她阅读了大量的中外名著,并自学了外语,为以后文学翻译和创作打下了坚实的基础。1981年她被分配到莘县广播局当无线电修理工,1983年调至山东聊城地区文联创作室工作至今。

多年以来,张海迪以保尔·柯察金的英雄形象鼓舞自己,用惊人的毅力忍受着常人难以想象的痛苦,同病残作顽强的斗争,同时勤奋地学习,忘我地工作。她自修了小学、中学的主要课程,自学了英语、日语、德语和世界语,翻译了近20万字的外文著作和资料。她还用自学的医药知识和针灸技术为群众治病达1万多人次,治好了许多疑难病症。她被群众誉为"80年代的新雷锋",被团中央评为"优秀共青团员"。1992年获中国作家协会庄重文学奖,1994年获全国奋发文明进步图书奖长篇小说一等奖。1993年张海迪获吉林大学哲学硕士学位。

每个人都是一座金矿,每个人都有无比巨大的潜能,而挖掘者就是自己。

每个人性格中其实都有优点和缺点。如果整天抓着自己的弱点不放,那么你将会越来越弱。我们应该学会强调自己的优势,如此,你将会越来越自信和成功。

很多人把自己性格上的弱点当成自己不能成功的借口，拒绝跳出自己编织的网，也就永远走不出失败的沼泽。要知道：我们每个人都能成功，都能快乐和幸福，但是我们必须学会突出自己的优势，学会将普遍意义上的缺点变成优点，加上自己的努力和智慧，成功就在眼前。

具备挑战未来的勇气和能力

信念和勇气的力量是如此奇妙，以致有的人活了一辈子却从未有过坚定的信念和巨大的勇气，但有的人却能从体内爆发出惊人的力量，而他们做梦也没想过自己的内心深处竟然蕴藏着如此巨大的力量。

懦弱的性格是一个人的大敌，你的人生不应该懦弱。相反，你应该具备挑战未来的勇气和能力，一个人如果懦弱，那么他应该有所改变，必须培养和树立坚定的信心，才有可能勇敢地去做自己想做的事，否则会畏首畏尾，慑慑缩缩，永远走不出黑暗。不论遇到什么问题，哪怕是面临失败，我们都不应该灰心丧气，要勇敢地正视它，以积极的态度寻找解决的办法。一旦问题解决了，我们的自信心也会为之大增，才能具备挑战未来的勇气。

自我暗示有助于你向懦弱宣战。当你察觉到自己性格中有懦弱的一面时，当你因为懦弱而误了很多大事时，你就应该不断地对自己说："我要像藏獒一样勇往直前，我比任何人都勇敢，没有任何人可以击败我。"经常反复地跟自己这样说，就等于你在不断地把健康有益的观念输入自己的潜意识，时间长了，这些健康有益的观念就会改变你的人生态度，使你变得像藏獒一样勇往直前，具备了挑战未来的勇气。

美国著名将领巴顿青少年时代就雄心勃勃，心存大志，发誓要成为

一名勇往直前、毫不畏惧的将军。

　　小时候，巴顿发现自己虽然勇敢，但在危险面前也并非毫无顾虑。因此，他决定锻炼自己的胆量，克服隐藏在自己内心深处的恐惧心理，并时刻以"不让恐惧左右自己"自勉。

　　在西点军校学习期间，他有意识地锻炼自己的勇气。在骑术练习和比赛中，他总是挑最难跨越的障碍和最高的栅栏。在西点军校的最后一年里，有几次狙击训练，他突然站起来把头伸进火线区之内，要试试自己的胆量。为此，他受到了父亲的责备，而巴顿却满不在乎地说："我只是想看看我会有多害怕，我想锻炼自己，使自己不再胆怯。"

　　就这样，巴顿的性格变得异常勇猛无畏，而且自始至终地贯穿于他的军事生涯。

　　1944年6月，西方盟国与法西斯德国之间的最后大决战以诺曼底登陆为先导打响了。在随之而来的一系列重大战役中，巴顿充分发挥装甲部队快速、机动和火力强大等特点，采取长途奔袭和快速运动的战术，以超常规的速度在欧洲大陆上大踏步前进，不顾一切地穷追猛打，长驱直入，穿越法国和德国，最后到达捷克斯洛伐克。

　　巴顿是在极其艰难的情况下向前推进的，他曾直率地告诉自己的下属，他要对付的"敌人"有两个——德军和自己的上司！对于战胜德军，巴顿满怀信心；对于能否"制服"自己的上司，他却没有把握。但是有一点巴顿从未动摇过，"我们一分钟也不能耽搁，速度就是胜利！"在巴顿的鼓舞下，全体将士士气高昂，斗志旺盛，每个人都强烈地渴望向莱茵河进军，他们的直觉告诉自己：如果继续前进的话，没有任何力量可以阻挡。

　　在推进过程中，巴顿抓住一切战机迅速果断地围歼敌军。在281天的战斗中，巴顿率领的部队在100多英里长的作战正面向前推进了1000多英里，解放了130座城镇和村落，歼敌140余万，为解放法国、捷克斯洛伐克等国家并最终击败纳粹德国立下了汗马功劳。

巴顿创造的战绩是巨大的，也是惊人的。正如驻欧洲盟军总司令艾森豪威尔将军在战后所说："在巴顿面前，没有不可克服的困难和不可逾越的障碍，他简直就像古代神话中的大力神，从不会被战争的重负压倒。在二战的历次战役中，没有任何一位高级将领有过像巴顿那样神奇的经历和惊人的战绩。"

在作战方面，巴顿堪称世界现代战争史上最杰出的战术家之一，其主要特点是勇敢无畏的进攻精神。巴顿特别强调装甲部队的大范围机动性，尽一切努力使部队推进、推进、再推进。巴顿在战斗中的一句口头禅是："要迅速地、无情地、勇猛地、无休止地进攻！"有时，他下令："我们要进攻、进攻，直到精疲力竭，然后我们还要再进攻。"有时，他对部下说："一直打到坦克开不动，然后再爬出来步行……"正是这种勇敢无畏的进攻精神，使得巴顿率领的部队在战场上所向无敌，无往而不胜。

巴顿的勇猛无畏，使他赢得了"血胆将军"的称号，并因在二战中立下赫赫战功而被授予"四星上将"的军衔。

世界著名成人教育学家卡耐基说："我们每个人的生活面貌都是由自己塑造而成的，如果我们能学会接受自己，看清自己的长处，明白自己的短处，便能踏稳脚步，达到目标。"

事实上，每个人生来的素质都差不多，别人能做成的事，你也能做成。一切艰难和困苦，都要由自己承担，不要推卸责任，要勇于承担一切。你应该有充沛的精力和伟大的魄力，要鼓起勇气，下定决心，与一切懦弱的思想作斗争。只有这样，你才能激发进取的勇气，才能感受生活的快乐，才能最大限度地挖掘自身的潜能。生活中的恐惧和不安，其实都是因为你的勇气不足，一旦获得了勇气，很多问题便能迎刃而解了。

勇气来自于正气，正气是勇气的基础，无论是谁，只要他掌握了正气，也就掌握了主动权，掌握了无穷的力量。在正气面前，在公众利益面前，只要你有理在手，一定可以战胜邪恶。

或许有时命运会将我们置于忍无可忍的痛苦深渊，那个时候我们也要磨炼自己的意志，强化自己的信念，你要知道信念有压倒一切的力量。在我们的内心深处，要永远保持"坚持到底就是胜利"的信念。当你历尽艰辛仍前途渺茫，甚至走投无路、万念俱灰时，不屈的信念会给你的情感以温暖，给你的意志以鼓舞，给你的精神以引导。没有任何一种生活是十全十美的，但只要有坚定的信念，就没有改造不了的自我，就没有逾越不了的屏障，就没有抵达不了的彼岸。树立远大的目标，发掘自我的潜能，那么，所有瞻前顾后的疑虑、驻足不前的懦弱和逆来顺受的消极统统都会被我们置于脑后，我们将获得无坚不摧的信心和勇气。

藏獒是顽强的，能够适应自然环境极端严酷艰苦的高原生活，是真正的高原主人；藏獒是坚忍不拔的，可以忍受千般苦难，甚至不需要一个屋顶；藏獒是英勇无敌的，可以迅速击败群狼。而这一切都基于藏獒的坚定信念和巨大勇气：勇于挑战自我，无所畏惧、永不退缩地去行动。

无论你的一生是平淡还是辉煌，无论你是长成大树还是小草，无论你是杰出还是平庸，这一切有时候都取决于你的性格，取决于你的勇气。你应该相信自己的潜在优势，增强自信心，消除懦弱性格。胆小的人，他们真正的敌人是自己。一个具有进取性格的人，必须具备英勇无畏的品格和超人的创造力。在人类历史上，只有那些相信自己、英勇无畏而又富有创造力的人，才能成就伟大的事业。

信心是战胜困难的法宝

没有困难的人生是不存在的，没有困难的人生也绝不会精彩的。纵览古今，大凡成功的人几乎都是在砥砺和克服重重困难之中而闪耀光辉的。须知，困难可以将你击垮，也可以使你坚定振作，这完全取决于你如何看待和处理它。

在日常生活中，我们常常听到有人叹息自己天生笨拙，成不了大器。其实，这种叹息恰恰是性格消极、缺少自信的体现。

梅兰芳年轻的时候去拜师学戏，师傅说他生着一双死鱼眼睛，灰暗、呆滞，根本不是学戏的材料，拒不收留。天资的欠缺没有使梅兰芳灰心，反而促使他更加勤奋。他喂鸽子，每天仰望长空，双眼紧跟着飞翔的鸽子，穷追不舍；他养金鱼，每天俯视水底，双眼紧随着遨游的金鱼，寻踪觅影。后来，梅兰芳那双眼睛变得如一汪清澈的秋水，闪闪生辉，脉脉含情，终于成了著名的京剧大师。

有时候，你可能会听到这样的话："光是像阿里巴巴那样喊：'芝麻，开门！'就想把山真的移开，那是根本不可能的。"说这话的人把"信心"和"希望"等同起来了。不错，你无法用"希望"来移动一座山，也无法靠"希望"实现你的目标。

但是，拿破仑·希尔告诉我们：只要有信心，你就能移动一座山。只要相信你能成功，你就会赢得成功。

关于信心的威力，并没有什么神奇或神秘可言。信心起作用的过程是这样的：相信"我确实能做到"的态度，产生了能力、技巧与精力这些必备条件，每当你相信"我能做到"时，自然就会想出"如何去做"的方法。

有一位了不起的舒勒博士，在他的书里有一句话："艰苦的岁月绝不长久，对一个不屈不挠的人，它很快就会离你而去。"

玛罗丝女士12岁就得了风湿性关节炎，四十几年来，她几乎每天都在与病魔搏斗。后来严重到连讲话都很困难。然而像这样的一个困境，她竟然能够很乐观地去面对，而且还跟主治的医师幽默对话，让主治医师都非常佩服。

最令人感动的是，她在这样的情况下，竟然还用了3年的时间，录制完"生命之歌"这样一套录音带。

可见她是一个有使命的人。她就是想把她的经历，过去自己的困境，奋斗的过程及她对生命的感受，流传给后代的人。能够积极地去面对她的困境，这是非常重要的。

俄罗斯有一句谚语说："铁锤能打破玻璃，更能铸造精钢。"如果你有像钢铁一样的性格，有足够的坚强作为打造的品质，去克服人生中的困难，那么这些困难正好可以磨炼你的意志和力量。

让自卑从生活中走开

自信是一个成功的人所必备的素质，而自卑却是人成功的重大障碍，是人生命历程中不可忽视的性格症结。有自卑感的人常不顾事实地妄自菲薄。其实一切事物都是有自身的优点和弱点，如果因自己的弱点而自卑是最愚蠢的。就现实而言，有的人活得潇潇洒洒，有的人却把自己的人生搞得一团糟。为什么会出现两种截然不同的情况呢？其原因就在于后者把心灵拴上了自卑的枷锁。

从前有个国王，得了一种世界上罕见的奇病。经医生诊断，此病只有喝了狮子的奶以后才能痊愈。可是怎样才能得到狮子的奶呢？大臣们都一筹莫展。

有一个聪明的男孩得知此事后，想出了一个办法。他每天跑到狮子的洞穴附近，给母狮子送一只小狮子。到第10天，他和母狮子已经很亲密了，终于顺利地取到了狮子奶，可以给国王当药用了。

可是在去王宫的路上，他自己身体的各部分却吵起架来，闹得不可开交。吵什么呢？原来是争论身体的哪个部位在取奶的过程中最重要。

脚说："如果没有我，就走不到狮子的洞穴，自然就取不来奶。"

手说："如果没有我，拿什么取奶？"

眼睛说："如果没有我，看都看不见狮子，怎么取奶？"

这时舌头也突然加入进来，说："如果不能说话，你们一点儿用处也没有。"

身体其他器官一听，更不服气了，群起而攻之："你舌头没有骨头，完全没有价值，别再妄自尊大。"

舌头听了，觉得它们说得都对，不由得自卑起来。

进了王宫，到了国王面前，男孩献上狮子奶，国王分辨不出是什么奶，便问那男孩。

男孩子沉默不语。

这时身体其他器官才知道了舌头的重要，连忙向它道歉。于是，舌头才开口说："这是狮子奶。"

这则寓言故事告诉我们，大自然中的一切事物都是有优点和弱点的，因自己的弱点而自卑是最愚蠢的。如果总是跟自己过不去而产生自卑，那无异于折磨自己。

一位父亲带着儿子去参观梵·高故居，在看过那张小木床及裂了口的皮鞋之后，儿子问父亲："梵·高不是一位百万富翁吗？"父亲答：

二、自信的人征服命运：谁都可以拥有意义非凡的人生

"梵·高是位连妻子都没娶上的穷人。"

过了一年，这位父亲又带儿子去丹麦。在安徒生的故居前，儿子又困惑地问："爸爸，安徒生不是生活在皇宫里吗？"父亲答："安徒生是位鞋匠的儿子，他就生活在这栋阁楼里。"

这位父亲是一个水手，他每年往来于大西洋各个港口，这位儿子叫伊东布拉格，是美国历史上第一位获得普利策奖的黑人记者。20多年后，在回忆童年时，他说："那时我们家很穷，父母都靠出卖苦力为生。有很长一段时间，我一直认为像我们这样地位卑微的黑人是不可能有什么出息的。好在父亲让我认识了梵·高和安徒生，这两个人告诉我，上帝没有轻看卑微，我不能因此而自卑。"

富有者并不一定伟大，贫穷者也并不一定卑微。上帝是公平的，他把机会降到了每个人面前，每个人面临的机会都是相同的。

然而，现实生活中具有自卑性格的人实在是太多了，他们大都因为某种缺陷或短处而特别自卑。我们如果把这些缺陷或短处集中起来，几乎无所不包：什么胖啦、矮啦、皮肤黑啦，什么嘴巴大、眼睛小、头发黄、胳膊细啦，什么脸上长了青春痘、家里没有钱啦，统统都是自卑的理由。

当我们把目光从自卑的人身上转到那些自信的人身上时，便会有新的发现：上帝并不是对他们宠爱有加，让他们全都完美无瑕。如果用身体上的某方面缺陷这样的尺度去衡量，他们身上的种种缺陷也可怕得很。拿破仑的矮小、林肯的丑陋、罗斯福的瘫痪、丘吉尔的臃肿，哪一条都可以让自卑者痛不欲生，可他们却拥有辉煌的一生！

由此看来，自卑其实就是自己和自己过不去。人为什么老要和自己过不去呢？你不觉得自己身上也有许多可爱的地方，令人骄傲的地方吗？也许你不漂亮，但是你很聪明；也许你不够聪明，但是你很善良。人有一万个理由自卑，也有一万个理由自信！丑小鸭变成白天鹅的秘密就在于它勇敢地挺起了胸膛，骄傲地扇动了翅膀。

自卑性格是人生道路上的绊脚石，自卑性格是人生潜在的杀手，它会把人带到生命的尽头，扼杀成功，扼杀幸福，扼杀快乐。为此在生活中必须挺胸抬头，树立起健康的性格，让自卑从生活中走开，只有这样，生活才会充满阳光。

对自己有坚定的信心

我们无时无刻都在向人们展现我们的信心，无时无刻都在表现我们的希望与担忧。我们的名望以及他人对我们的评价，将会与我们的成功息息相关。假如他人不相信我们，假如他人因为我们经常表现出缺乏自信、消极软弱而认为我们无能和胆小，那么，我们将不可能得到他人的信任与支持并因此而获得成就。

假如我们养成了一种坚定自信的性格，那么人们就会认为，我们将会比那些缺乏自信或那些给人以软弱无能、自卑胆怯印象的人更有可能赢得成功。

自信为什么能够让一个平凡的人走向辉煌？自信为什么能够成就傲人的伟业呢？

对于连锁机构遍布全球的高档酒店——希尔顿，几乎无人不知，无人不晓。但你可曾知道它的创始人——世界酒店大王希尔顿，在开始创业时仅有200美元资金。那你可能会问是什么使他获得了那么大的成功，所有的答案只有两个字"自信"。

希尔顿创业初，把眼光瞄准了酒店业。但是他几乎没有任何启动资金，但强烈的自信让他预感到了他将会成功。因此，他就凭其自信的言行四处游说，希望那些银行家和风险投资商们能为他的项目注入资金。最终，在希尔顿强烈自信心的感染下，再加上他的项目本身的切实可行，许多金融家纷纷投资。

有了资金作为铺垫，于是项目很快被启动。但就在酒店建设进行到一半时，有一个投资商由于听信了谣言而对希尔顿产生了怀疑，并嚷着要撤出资金。稍微有些金融常识的人都知道，假如这时有人突然撤资，很可能会引起雪崩般的连锁反应，到时一看形势不好可能所有的投资人都会提出这种要求。由于当时许多资金已经投资进去，希尔顿已经没有能力去全部偿还那笔钱，到时资不抵债的他很可能会被起诉。

面对这突然的变故，自信的希尔顿却冷静如常、镇定自若。他提前准备好了大量的现金和支票，随后把那个吵着要撤资的投资商请了过来，然后开诚布公地问他：想要现金还是支票？来人看到了希尔顿那里满抽屉的现金与支票后，仍然不为之所动。希尔顿又对他说："等你走时，假如你还是要坚持撤回投资，那就现金支票任你选。"无疑，希尔顿的这番信心十足的话语，起到了一定的作用。那个人一时不再谈论要回投资的事，看着自己已稳住了对方的情绪，接着，希尔顿又乘胜追击，但并没有去直接反驳他以让他收回撤资的决定，而是入情入理地为他分析道："你看，现在项目已经展开，如果按预定的计划进行下去，你一定能够得到应有的投资回报。但如果你这时宣布撤回投资的话，那么，你不仅得不到收益，而且还会因为破坏合同而必须进行赔偿，将会更加得不偿失。"那个人最终被希尔顿的自信乐观所感染，决定继续进行投资，酒店的建设也得以顺利进行，希尔顿的事业从此就开始了蒸蒸日上。

信心能够感染你周围的人，更能给你带来成就和财富。假如你是位领导者或发起人，你的信心将会直接影响下属和合作者的信心，尤其是在关键时刻，就更应该表现出你的自信与冷静。假如你本人都已丧失了信心，其他人一定会更加慌乱，更加不知所措。

换言之，自信与他信几乎同等重要，要使他人相信我们，我们自身首先必须展现强烈的自信和必胜的精神。

以自信心态自居的人，以胜利者心态生活的人，以征服者心态傲行在世界上的人，与那种以缺乏自信、卑躬屈膝、唯命是从的被征服者心态生活的人相比，他们的人生路将会有天壤之别。

当时拿破仑兵败被流放到一个小岛上，从那逃出来后，国王又派人去抓他，拿破仑的几个贴身随从看到那些国王的士兵已近在眼前，都劝他快跑，而拿破仑却说："我是他们的元帅，他们都是我的部下，我不跑。"拿破仑不仅没有逃跑，反而表现出了非凡的自信，还以元帅的气度去命令指挥他们，结果那些士兵反而倒戈跟随他回去打国王了。

世人都会青睐那种极具自信且有胜利者气度的人，总是喜欢那种给人以必胜信心并总是在期待成功的人。

令人信服和给人以充满活力形象的正是我们身上那种神奇的自我肯定的力量。假如你的心态不能给你提供精神动力，那么，你就不可能在世上留下一个自信者、积极者的美名。一些人总是奇怪自己为什么在社会中如此卑微，如此不值一提，如此无足轻重。其中的原因就在于他们不能像自信者、征服者那样去思考，去行动。他们没有自信者、胜利者或征服者的心态，他们总给人以软弱无力的印象。要知道，思想积极的人才富有魅力，思想消极的人则使人反感，而胜利者总是在精神上先胜一筹。

还有一些人往往给我们留下这种印象，虽然他们没有取得成功的十分把握。但他们却能凭借其非同寻常的自信与积极良好的心态，而能够超常发挥，出奇制胜。

我国原乒乓球运动员蔡振华，在国外参加比赛很少输球，被人尊称为"乒坛魔术师"。按说，他的技术算不上最好，实力比他强的国外对

二、自信的人征服命运：谁都可以拥有意义非凡的人生

手也不乏其人，那他到底赢在哪里呢？据看过他比赛的人讲，他在比赛时总是大挥拳头为自己鼓劲，每当发球前，他都会用力大跺一脚，遇到自己打一个好球，他就会绕着场地跑好几圈。在他对阵瑞典名将林德的那场比赛中，当时他的比分已经以15：20落在了林德后面，但等到林德发球时，蔡振华就用手指着林德的头，并瞪着他，他的这些动作让林德顿时紧张了起来，结果林德由于紧张最后以20：22输给了蔡振华。

原来他是赢在了自信上。

毫无疑问，他顽强的自信对他最终赢得比赛起到了至关重要的作用。

假如我们具有一种无与伦比的自信，假如我们展示给人的是一种自信、勇敢和无所谓的形象，那么，我们的事业必将会获得巨大的成就。

自信的人总是成功。这不是因为他们有什么特殊的才能，而是因为上天偏爱自信的人。请记住：只有内心才能影响我们，其他所谓的外部条件都只是懦弱者的借口。这是人类心理的一条基本规律。

三、积极的人奋勇争上：
永远都要坐第一排

"永远都要坐第一排"的积极性格，是英国前首相玛格丽特·希尔达·撒切尔夫人的一条人生经验，这也是她取得巨大成就的关键。撒切尔夫人在她的学生时代，就养成了这种"永远都要坐第一排"的性格。是的，"你用不着跑在任何人后面！"一旦你从内心决定要得第一，那么你就会有更大的动力。在生活中你敢不敢说"我是第一"？回答这个问题并不困难。如果你是个渴望成功的人，并且是个认识到以个性为中心是成功的基础的人，会回答："当然，我就是第一。"如果想保持一点谦虚的绅士风度，你也可以回答："不是第一。"但要不失时机地补上一句，"是并列第一"。为什么一定要是第一呢？因为你本来就是第一。至少，你要在意识中播种争第一的信念。无数受人尊敬的成功者，都曾宣称自己是第一。是不是第一无须深究，关键是他们的确取得了个人成功。

积极进取能激发潜能

进取心是点燃追求的火把，是造就成功的强大动力源。它是一个人生命中最奔腾、最神秘的力量。

具有进取性格的人，通常可以激发出身体内的潜能及向命运抗争和挑战的力量。这种永不停息的自我推动力可以激励人们向自己的目标前进，并推动人们去完善自我，追求完美的人生。

美国学者詹姆斯根据其研究成果指出："普通人只开发了自己身上所蕴藏能力的1/10，与应当取得的成就相比较起来，每个人不过是半醒着的。"事实上，每个人的自身都是一座宝藏，都蕴藏着大自然赐予的巨大潜能和无限潜力，只是由于没有进行各种潜能训练，使得我们没有机会将内在的潜能淋漓尽致地发挥出来。在我们身上没有得到开发的潜能，就犹如一位熟睡的巨人，一旦受到激发，便能发挥"点石成金"的力量。

爱迪生小时候曾被学校的老师认为愚笨，而失去了在正规学校受教育的机会。可是，他的母亲并没有因此而放弃对他的教育。在母亲的帮助下，经过独特的心脑潜能开发，爱迪生最终成为了世界上最著名的发明大王，一生完成上千项发明创造，他在留声机、电灯、电话、有声电影等许多项目上进行了开创性的发明，从根本上提高了人类生活的质量。

世界顶尖潜能大师安东尼·罗宾说："并非大多数人命里注定不能成为爱因斯坦式的人物，任何一个平凡的人，只要发挥出足够的潜能，都可以成就一番惊天动地的伟业。"

爱因斯坦是一位举世公认的 20 世纪科学巨匠。在他死后，科学家们对他的大脑进行了科学研究。结果表明，爱因斯坦的大脑无论是从体积、重量、构造或细胞组织上，都与同龄的其他任何人无异，并没有任何特殊性。这充分说明，爱因斯坦成功的"秘诀"，并不在于他的大脑内部比起其他人有多么与众不同，用他自己的一句话总结就是——"在于超越平常人的勤奋和努力以及为科学事业忘我牺牲的进取精神"。

一个人潜能的开发程度取决于他的性格：具有积极进取性格的人，受到推动力的引导和驱使，其潜能能够获得深度的开发，很可能成就一生的梦想；而有着消极懈怠性格的人，无视这种力量的存在，或者仅仅是有时才服从这种力量的引导，因此凡事得过且过，人生也将停滞不前，注定一事无成。

通常情况下，在我们的生活中，大多数人就像没有被磁化的指南针一样，习惯于在原地不动而没有方向，习惯于依赖既有的经验，认为别人做不到的事情自己也不可能做到，于是便变得安于现状，习惯了按部就班的生活，习惯于从事那些让自己感到安全的事情，习惯于表现自己所熟悉、所擅长的本领，不愿意去改变自己的生活及探索未知的领域。因此，根本无法形成积极进取的好性格，自身的潜在能力也就始终得不到挖掘，所有的潜能也都在机械地操作中埋没，并随着年龄的增长、机体的变化而渐渐消失了。而只有那些对成功怀有强烈愿望的人，才能够塑造出积极进取的性格，从而才能够突破自我极限，激发内在蕴藏的能力，最终也才会比他人更容易获得成功。

进取心是成功者的助推器

有人说，人的命运是由人的性格决定的。这个观点恐怕是片面的，决定人的命运的因素有很多，性格只能是起决定作用的因素之一，所以，不能说人的命运是由人的性格决定的。然而，人的性格对于其一生的影响却非同小可，因此，能培养一种积极进取的性格，对于成功人生有着非常重要的意义。

进取心是成功者的助推器，之所以这样说，是因为，当一个人具有不断进取的决心时，这种决心就会化作一股无穷的力量，这种力量是任何困难和挫折都阻挡不了的，凭着这股力量，他会不达目的绝不罢休。

约苏阿·荷尔曼出生在法国的穆尔豪斯，这里是阿尔萨斯棉纺业的中心。他的父亲就在从事棉纺业的行当，荷尔曼15岁时就到父亲的办公室打杂。他在那儿干了两年，业余时间他就从事机械制图。后来，他到巴黎他叔父的银行里当差两年，晚上他一人默默地学习数学知识。他家的亲属在穆尔豪斯开办了一家小型棉纺厂以后，他被指派在巴黎师从迪索和莱伊两位先生，学习工厂的运作知识。与此同时，他成了巴黎机械工艺学院的一名学生，他在那里听各种讲座，研究学院博物馆中陈列的各种机器。在这样勤奋学习了一段时间之后，他回到了阿尔萨斯，指挥在维尔坦新建厂房中的机器安装，并很快完工投入了运作。然而，由于生产遭受了当时发生的一场商业危机的严重冲击后被迫停产，工厂不得不转手他人，这样，荷尔曼回到了他在穆尔豪斯的家中。

在这段时光里，他身体赋闲在家，但心却没有赋闲，他把自己的全部精力都投入到发明的探索过程中。他最早的设计是绣花机，里面有

20根针头同时工作。经过6个月的辛勤劳动后他成功地完成了他的目标。由于这项发明，在1834年的巴黎博览会上——他获得了一枚金质奖章并被授予骑士勋章。荷尔曼在成功面前并不满足，他要向新的成功挑战。此后，他的各种发明接连而来。而最具创造性的设计之一是一种能同时织出两块天鹅绒式的布料或织出好几层布料的纺织机，这两块布由共同的绒线相连结，但有一把小刀和切割器在纺织的时候把它们分开，当然，他最具创新意识的发明成果是精梳机。

因为原有的粗糙的梳棉机在调制原材料用以进行精细纺织方面效果不理想，特别是在生产更好的纱线方面，更令人不满意，除了导致令人痛心的浪费外，还生产不出优质产品。为了克服这些弊端，阿尔萨斯的棉纺织业主们曾悬赏5000法郎寻求精梳机的诞生，荷尔曼于是开始着手去完成这项任务。其实，他并非是因为这5000法郎才去从事这一发明的。他从事这项发明纯粹是他个人的进取心所促使。他的一句格言是："一个老是问自己干这能给我带来多大收益的人是干不成大事的。"真正激发他的创造性的主要因素是他那作为发明家所天生具有的不可遏制的冲动。然而，在精梳机的发明过程中，他所遭遇到的重重困难是他始料未及的。光是对这个问题的深入研究就花去他好几年的时光，与发明活动有关的开销是那么的庞大，他的财富很快就耗费一空。他陷入了贫困的深渊，再也无力从事改善他的机器的努力了。从那时起，他主要仰仗朋友的帮助来渡过危机，从事发明活动。

当他还陷在穷困的泥潭之中苦苦挣扎之时，他的妻子离开了人世，他一度沉浸在痛苦之中。不久，荷尔曼流落到英国，在曼彻斯特呆了一段时间。在那里，他仍不气馁，继续辛勤地从事他的发明活动。后来，他返回法国看望自己的家小。期间，他仍然不停地从事把设想转化为现实成果的活动，他的全部精力都花在这上面了。一天晚上，当他坐在炉边沉思着许多发明家所遭受的艰辛多难的命运以及因为他们的追求而给

家人所带来的不幸时,他无意之中发现他的女儿们在用梳子梳理她们那长长的头发,一个念头突然在他的脑海里产生了:如果一台机器也能模仿这种梳发过程,把最长的线梳理出来,而那些短线则通过梳子的回旋把它们挡回去,这样就可以使他从困境中解脱出来了。这一发生在荷尔曼生活中的偶然事件由画家埃尔默先生制作成了一幅美丽的油画,并在1862年举行的皇家艺术展览会上展出。

在这一观念的指导下他开始努力进行设计。之后,他弄出了一种表述上简单但却在实际上最为复杂的机器梳理工艺技术,在对它进行了巨大的改进工作后,他成功地完成了精梳机的发明。这种机器工作性能的妙处只有那些亲自目睹过它工作的人才能领略和欣赏到。它的梳理过程同梳理头发的过程的相似性是一目了然的,正是这一相似性导致了精梳机的发明。该机器被描述为"几乎能以人的手指的敏感性来进行活动"。我们从荷尔曼的发明过程中,可以领略一项真正的成功所包含的艰难和曲折,但是我们更敬佩荷尔曼那坚韧不屈、一往无前的进取精神。正是这种精神才使我们的世界在创造中不断地展现出动人的魅力。

困难犹如坚冰,有进取心的人可以用热情将它融化,没有进取心的人则会被它冻僵。因此,保持积极进取的性格是我们战胜困难的重要法宝。

铸就奋斗人生、练就强者风范

奋斗是自信性格的一种体现,是铁打不弯的精神气概,是一种力量美和沧桑美。

奋斗性格的内涵是顽强勇猛,坚毅果断,直而不肆,光而不耀。鲁迅说过：真的勇士，敢于直面惨淡的人生，敢于正视淋漓的鲜血。只有敢于面对现实，不屈不挠的人，才能铸就奋斗人生，练就强者风范。

左宗棠是清末著名的大臣，他曾主持洋务运动，出兵新疆，收复伊犁。他为人处世秉性刚毅。即使在面对洋人时，也表现得淋漓尽致。一次朝会，英国公使威妥玛高居上座，左宗棠一见便怒火中烧，毫不留情地指责道："这是王爷的座位，我都得坐在下面，你凭什么坐在那里？"这使傲气凌人的威妥玛羞怒交加，但面对一身刚毅的左宗棠也只能作罢。

霍英东这个名字人人皆知，在他名下有"立信建筑置业"、"信德"、"有荣"等60多家公司企业，经营范围涉及航运、房地产、石油、建筑、旅馆、百货等多方面。同时他还担任国际足联执委和世界羽毛球联合会名誉会长、全国政协常委、香港中华总商会副会长、香港房地产建设商会会长等多个职务。

霍英东并非出生于什么名门望族，原来他也只是个社会底层穷人的孩子，那么他是怎样创造今天这样辉煌的呢？

霍英东1923年生于香港，在香港长大。童年时，全家人常年漂在舢板之上。他7岁时，父亲因暴风雨死在海里，生活的重担从此压在他母亲肩上。迫于生活的贫穷和压力，他们曾和许多患有肺病的穷房客共住在一层旧楼的大通间。母亲靠将煤灰转运到岸上的货仓这一小本生意，收取微薄的佣金养家糊口。为了供他上学，母亲和姐姐省吃俭用。据他回忆："当时我在学校勤奋读书，课余协助母亲记账、送发票。由于日夜奔忙和营养不良，一天下来已是精疲力尽。"

抗日战争的爆发使霍家生活更为艰难。无奈，霍英东放弃学业去当苦力。18岁那年，他找到了第一件差事，在轮渡上当加煤工，但由于工作不力被老板解雇。他还去日本人扩建的机场工地当过苦力，每天的报酬是半磅米和七角钱，每天只吃一块米糕和一碗粥，常常饿得头晕眼花。

有一天由于不慎,他的一个手指被一个 50 加仑的煤油桶生生砸断。工头可怜他,给他分配了一个较轻的工作,让他修理货车。后来他还当过铆钉工、制糖工等。但是,童年时代的种种艰辛、生活的坎坷煎熬,培养了他自强不息的奋斗性格。

第二次世界大战结束后,当时的香港在运输方面有迫切需求。霍英东看准这个机会,在亲友的帮助下,抢购了一些廉价运输工具,转手便获利很多。朝鲜战争爆发时,他抓住这个时机,在友人的资助下,开办舶运业务。由于善于经营和胆识过人,他的事业发展得很快,逐渐在香港航运界崭露头角。但他并不满足于运输业上的成就。朝鲜战争结束之后,他看到香港房地产业有巨大的发展潜力,便毅然向房地产业进军。1954 年他筹建了"立信建筑置业公司",开始从事房地产业。公司发展速度惊人,创办不几年,便打破了香港房地产的纪录。同时他还开创了大楼分层预售的先例。

霍英东的事业虽然已经在多个行业获得成功,但他并没有裹足不前,而是继续向新领域进军。20 世纪 60 年代初,淘沙这个行当是香港许多有识之士都不敢涉足的事,原因是这行当用工多、获利少、赚钱难。而霍英东却在 1961 年底,去英国考查途经曼谷时以 120 万港币从泰国政府港口部购买了一艘大挖泥船,这艘船长 288 英尺、载重 10890 吨。后来他将其改名编列为"有荣四号",他的淘沙事业从此有了长足的发展。他还派人去世界有名的造船厂家购买了一批专用机械淘沙船。经营上他颇有特点:不图一时之暴利,而是与香港当局签订长年合同,稳妥获利。房地产业上他亦是如此。建筑业主要原料之一的海沙也是有荣公司专门运输供应的。不久,他独得了香港海沙供应的专利权,成为香港淘沙业的头号大亨。仅仅 2 年多的时间,"有荣"业务便兴隆昌盛起来,大小船只 80~90 艘,挖泥淘沙专用船也有 12 艘以上。

香港回归后，他响应中央和政府的号召，在祖国大陆投资，广州白天鹅宾馆以及中山温泉宾馆等就是他在国内的部分投资项目，他对祖国建设事业的支持和帮助也赢得了很高的评价。无疑，敢冒风险和奋斗的性格特点，是他事业成功的重要因素。

没有一个人生来就具有奋斗的性格，也没有一个人不可能培养出奋斗的性格。我们不要神化强者，以为自己成不了那种钢铁般坚强的人。其实，普通人所有的犹豫、顾虑、担忧、动摇、失望等等，在一个强者的内心世界也都可能出现。鲁迅彷徨过，伽利略屈服过，哥白尼动摇过，奥斯特洛夫斯基想到过自杀，但这并不代表他们不是坚强刚毅的人。奋斗的性格和懦弱的性格之间并没有千里鸿沟，敢于奋斗的人不是没有软弱，只是他们能够战胜自己的软弱。只要加强锻炼，从多方面对软弱进行斗争，那就可能成为坚强奋斗的人。

性格上奋勇争先的人有着坚强的意志力，它能帮助人们克服一切困难，不论所经历的时间有多长，付出的代价有多大，无坚不摧的性格终能帮助人们达到成功的目的。

不要让消极吞噬进取心

拥有积极进取性格的人，更能以积极的态度和行为去做事，从而产生出积极的作用来，久而久之，积极的作用就会积小为大，量变的积累致使质变的发生，个人也就更容易走上成功之路了。反之，也应该是这个道理。

人的心中必须将阳光照射进去，使之明媚振奋。如果以消极的阴云覆盖于心，不仅难以激发快乐与进取之心，就连自己也会感到自己是一个可怜而又多余的人。

有位孤独者倚靠着一棵树晒太阳，他衣衫褴褛，神情萎靡，不时有气无力地打着哈欠。一位智者从此经过，好奇地问道："年轻人，如此好的阳光，如此难得的季节，你不去做你该做的事，懒懒散散地晒太阳，岂不辜负了大好时光？"

"唉，"孤独者叹了口气说，"在这个世界上我除了我自己的躯壳外，一无所有。我又何必去费心费力地做什么事呢？每天晒晒我的躯壳，就是我该做的所有事了。"

"你没有家？"

"与其承担家庭的负累，不如干脆没有。"

"你没有你的所爱？"

"没有，与其爱过之后便是恨，不如干脆不去爱。"

"没有朋友？"

"没有。与其得到还会失去，不如干脆没有朋友。"

"不想去赚钱？"

"不想。千金得来还复去，何必劳心费神动躯体？"

"喔，"智者若有所思，"看来我得赶快帮你找根绳子。""找绳子？干嘛？"孤独者好奇地问。"帮你自缢。""自缢？你叫我死？"孤独者惊诧了。

"对。人有生就有死，与其生了还会死去，不如干脆就不出生。你的存在，本身就是多余的，自缢而死，不是正合你的逻辑么？"孤独者无言以对。

"兰生幽谷，不因无人佩戴而不芬芳；月挂中天，不因暂满还缺而不自圆；桃李灼灼，不因秋节将至而不开花；江水奔腾，不因一去不返而拒东流。而况人乎?"智者说完,拂袖而去。

一个人拥有进取性格就意味着拥有了良好的思考,并在思考中不断落实和推进自己的人生目标。倘若消极地看待生活,泯灭生活的激情与进取的性格,那么应该是世界上最可悲之人。这种人不仅不可能有所作为,自己贱视自己,而且也会被所有人所贱视。须知,成功之人之所以能成功,就在于有着一颗始终不渝而又十分宝贵的进取性格。

任何艰难都会为进取者让路

人生因为有进取之心而变得充实,人生因为有进取之心而变得精彩。进取性格的宝贵意义就在于,它能使你不愧于自己的一生,为自己带来成功和欢乐。

很多成就梦想的人,尽管出身卑微,或身患残疾,或饱受折磨,但是他们仅仅凭借进取心,勇敢地挑起了生活重担,他们充分地开发和利用了生命中被赋予的巨大潜能,从而成就了一生的梦想。

原TCL集团副总裁吴士宏就有着鲜明的进取型性格,她的成功史,是一部坚强女人不畏困难的奋斗史:她没有被疾病吓倒,没有被学习中的困难所累倒,她用超过常人的进取精神催促自己前进,用自信和坚毅与自己赛跑,从中领悟超越自我的含义;她就像高尔基笔下的那只在暴风雨中逆风飞扬的海燕一样,无畏风雨,于苦难中始终奋发向上。

年幼的吴士宏头脑聪明,胆子大,爱运动。不幸的是,一场大病从天而降,打乱了她原本计划好的一切。整整4年,三次报病危,她始终躺在病床上承受着病痛与孤寂的折磨。这场使她身心备受折磨的

"病",让她恍如隔世。4年后,她终于从病中得到了解放。大病初愈的她并未因自己的不幸对生活产生怨言,而是觉得自己的生命只能重新开始。于是,从那时开始,吴士宏便萌发了一个想法:要做一个成大事的人。

考大学还有机会,但不属于她。因为她没有钱、没时间。生病的4年没有任何收入却花费很多,就算考上大学,没有工资还得自负生活费,太不现实了。于是,她决定选择一条"捷径"——参加高等教育自学考试来彻底改变自己的生活。对吴士宏来说,自学并不是最高效的方式,是因为别无选择。她有一个目标:把病中耗费的4年时间补回来。她选了科目最少的英文专业。书可以借一部分,要买的只有几本;要省钱,还可以听收音机。从此,她开始拼命,用自己的进取心和不顾一切的努力去拼搏。吴士宏的英文都是从头学的,花一年半拿下了大专,吴士宏感触最深的两个字是"真苦"!她每天挤出10个小时的时间用在学习上,自考文凭考下来了,她最得意的是"赚"回了点时间。

此后,学业完成后的吴士宏因一个意外的机缘到了IBM。一开始她做的是"行政专员",与打杂无异,什么都干。身处一群无比优越的真正白领阶层中,吴士宏感到了巨大的压力,常常觉得自己没有能力,没有价值。

但吴士宏是一个善于"成长"的人。她始终不断地学习、实践、超越,再学习、再实践、再超越。刚进IBM时,吴士宏几乎什么都不会,连打字都是从头学起,她拼命努力学习一切相关的东西。她开始做销售的时候,感觉到专业知识是第一大障碍,"培训毕业只是个模子,要把客户的具体要求套进去再做出方案来,没那么容易!"在这过程中,她给自己定下了要"领先半步"的目标,时常还有这样的想法,"不把自己累到极点,就觉得不够努力,对不住自己",吴士宏对自己始终要求严格。因此，吴士宏在办公室里晕倒过，吐过血，犯过心绞痛；还专门在抽屉里备着闹钟，一个星期总有几次熬到凌晨两三点。就这样，在付出了辛苦和心血之后，她终于发展了第一个大客户——中远。中远的运输公司业务是 IBM 主机，外轮代理全部是 IBM 小型机系列。1994 年，吴士宏去了 IBM 华南公司，她在那里成功地带起了一支队伍，与大家一起成长，一起做出了辉煌的业绩。

历史上，所有的成功者之所以能够激发潜能成就梦想，都是因为他们怀有勇敢面对，大胆挑战生命中那些阻碍他们发挥潜能的缺陷和困难的进取心。当一个人怀有强烈的进取心，那么在他的人生中，无论遭遇恶劣的情况，还是碰到难以克服的障碍，他都会克服一切阻挠，找到出路，并实现人生的价值。英国著名作家弥尔顿的故事就是一个明证：

弥尔顿是 17 世纪英国出现的一位伟大的精神斗士。当查理二世妄图复辟的时候，弥尔顿眼疾正重，一只眼视力已在消失，医生警告他不可参战，否则将双目失明。但弥尔顿为争取自由深感责无旁贷。他认为此时的英国人需要精神上的支柱，因此他宁可牺牲双眼也要作一个自由思想的卫士。于是，弥尔顿精神亢备，奋笔疾书写下《为英国人民声辩》一文，痛斥为查理二世鼓噪鸣锣的英顿大学拉丁文教授沙尔马修。不久，这位在瑞典女王里斯第娜宫廷中受宠的大教授因遭弥尔顿的驳斥，大丢脸面，便悄然离去，于 1653 年去世。而弥尔顿的代价则是从此失去了光明，但弥尔顿并没有停止写作和斗争。1660 年 5 月，王朝复辟，查理二世重登王位，"弑君者"克伦威尔的坟墓被掘，尸体吊上了绞架。而精神上的弑君者弥尔顿也同时遭到逮捕。经多方营救，当局才在绞架下当众烧毁了他的两本书，以示惩罚。弥尔顿尽管获释，但此时已痛风病缠身，性情乖戾，但他却再一次不甘失败，以另人赞叹的精力创作了三部不朽的诗作：《失乐园》、《复乐园》、《力士参孙》。

三、积极的人奋勇争上：永远都要坐第一排

49

失去光明的卫士，一个凭借着进取的性格，坚强地立足于苍茫大地的诗人弥尔顿，在描述自我的境遇时，是这样自勉的："在茫茫的岁月里，我这无用的双眼，再也瞧不见太阳、月亮和星星，男人和女人，但我并不埋怨，我还能勇往直前。"在这样的进取和奋发下，弥尔顿留给了后人不可磨灭的光辉形象。

　　总之，抗拒苦难，不断进取，奋发向上，是成功者必备的性格特征。在我们的生活中，无论身处恶劣的环境，还是遭遇人生的坎坷，都要如所有成功者一样，直面苦难和不幸，无怨无悔地选择坚强和进取。从而跨越泥潭、走出低谷，实现自己的人生价值。

爱拼才会赢

　　一个人最大的敌人不是别人，而是自己。一个人只有能够面对生命中的每一次挑战，才能不断地突破超越。因此，挑战自我、不断进取的良好性格是每个人都应当在生活和工作中大力培养的。

　　世界游泳冠军摩拉里的成长过程，就是一个以积极进取的性格而成长的过程。

　　1984年的洛杉矶奥运会前夕，摩拉里已经有幸跻身于最优秀的参赛运动员之列。令人遗憾的是，在赛场上，他发挥欠佳，只获得一枚银牌，与冠军擦肩而过。他没有灰心丧气，从光荣的梦想中淡出之后，他把目标瞄准了1988年的韩国汉城奥运会。

　　这一次，他的梦想在奥运会预选赛上就告破灭，他被淘汰了，跟大多数受挫情况下人们的反应一样，他变得沮丧，把体育的梦想深埋心中，有三年的时间，他很少游泳，那成了他心中永远的痛。

但在摩拉里的心中，自始至终有股燃烧的烈焰，没法子把它完全扑灭，离1992年夏季奥运会还有不到一年的时间了，他决定振作起来更加拼搏进取。在属于年轻人的游泳赛事中，30多岁的人就算是高龄了，摩拉里脱离体育运动很久，再去在百米蛙泳的比赛中与那些优秀的选手们拼搏，似乎就像是拿着枪矛戳风车的唐·吉诃德一样的不自量力。然而，摩拉里没有沉沦退缩，而是加大运动量刻苦训练。经过10个多月的艰苦努力，终于迎来了新一轮比赛。

在预赛中，他的成绩比世界纪录慢一秒多，因此，在决赛中他必须付出更多的努力，他努力地为自己增压打气。在游泳池中，他的速度果然是不可思议的快，超过其他的竞赛者而一路遥遥领先，他不仅夺得了冠军，还破了世界纪录。

在我们身边的许多人，原本可以有所成就或可以更为成功，但生活中却往往不能如愿以偿。这就是因为他们缺乏对自身的认识，缺少了向上的动力和进取心，因而总是划地自限，总是认为生活中的一切似乎都是命中注定的，现实的一切都不可超越，最终使无限的潜能只化为有限的成就。

实际上，一个人能力的提升，往往是在自己和自己的较量中得以实现的。每个人完全可以通过自身的不断进取努力来提高自己的能力，突破自我的极限，凭借自己的力量来改变生活。

在一家公司中，准备用一年的时间来考察两名推销员，然后提拔一人担任销售部的经理。其中一人一年到头挨家挨户推销产品，最后挣了两万元；另一个人花了一年时间设计并发动了一次技术改革，这一举动，使公司获利2000万元。两个人所花时间相等，可是第一个人总是担心银行的贷款，另一个人很快得到提升，同时拿到一笔数目相同的奖金。究其原因，是两个人的努力程度不同：

第一个人是盲目地使用时间。他很勤奋，完成了自己的工作任务，让他的上司很满意，他满足于工作让自己的生活衣食无忧。但他并没有长远的规划，不具备担任管理人员的素质。

而第二个人则是利用时间。一年中他在工作中不仅动手，而且动脑。他把工作当成任务也当成获得成功的机遇，他意识到自己有成功的希望并潜心去发展它。他观察到在仅仅能干与干得十分成功之间有很大区别，并决定通过自己的创新进取来弥补这种差异。他正确评估自己的能力，集中精力去发展他所做好的一切。当他遇到困难时，他从不诅咒，而是尽力解决；他寻找市场和顾客的真正需求，力求给予满足；他注意到任何办公室里所做的事情都多以语言交流为基础——书面语言和口头语言，于是他就开始学习掌握语言技巧；他发现事业上最有价值的能力莫过于在多数场合做出正确决定的能力，所以他就潜心研究决策法；他明白不管做任何事情，办法都不只有一个，他会永远铭记这一点。他尽力让别人需要自己，结果他成了公司必不可少的人，最终获得了提拔。

在我们的生活中，同第一名推销员一样，有着安于现状、不思进取"惰性"的人绝不在少数，尽管他们雄心勃勃，但对如何发挥自身的能力却只有一个模糊概念。这与其是说没有进取的决心，倒不如说是缺乏实现梦想的想象力。对于采取哪些措施会成就自己的梦想使他们感到迷惑，其结果是：他们常常对自己或对他人或对"制度"满腹牢骚，对自己的潜能划地自限，又因为不知如何消除这一影响而心灰意冷。然而，只要你敢于突破自我，常常会有意想不到的喜悦收获。

有一个音乐系的学生，向一个极其有名的钢琴大师学习钢琴。授课的第一天，钢琴大师给了他一份乐谱："试试看吧！"

乐谱的难度非常高，学生弹得生涩僵滞，错误百出。

"还不成熟，回去好好练习！"钢琴大师在下课时，如此叮嘱学生。

学生刻苦练习了一个星期，第二周上课时正准备让钢琴大师验收，没想到钢琴大师又给他一份难度更高的乐谱："试试看吧！"却只字未提上周的练习。

于是，学生再次挣扎于更高难度的技巧挑战。然而，第三周，更难的乐谱又出现了。这样的情形一直持续着：学生每一周都在课堂上被一份新的乐谱所困扰，然后把它带回去练习；接着再回到课堂上，重新面临两倍难度的乐谱。即使这样，学生却仍然追不上进度，一点也没有因为上周练习而有驾轻就熟的感觉，学生感到越来越不安、沮丧和气馁。终于，学生再也忍不住了，当大师走进教室的时候，他提出了这三个月来不断折磨自己的质疑。

钢琴大师并没有开口，只是抽出第一次交给学生的那份乐谱递了过去，"弹奏吧！"他以坚定的目光望着学生。

不可思议的事情发生了，连学生自己都惊讶万分，他居然可以将这首曲子弹奏得如此美妙，如此精湛！钢琴大师又让学生试了第二堂课布置的练习，学生依然呈现出超高水准的表现……演奏结束后，学生怔怔地望着钢琴大师，说不出话来。

"如果，我任由你表现最擅长的部分，可能你还在练习最早的那份乐谱，就不会有现在进步的程度和超水平的发挥……"钢琴大师缓缓地说。

从上述故事可见，超越自己比超越别人更困难，人都有盲点，尤其是看不清自己的缺点。因此，与自己赛跑是一个艰难的过程，而进取的性格正是进行自我挑战的力量支持。一个人积极地进行自我挑战，本身就是一种莫大的成功。只有懂得不断超越自己的人，才能引领自己的人生走向新的高度。

对于每一个人来说，如果总是不求上进地只是喜欢做一些简易的、不必费心思花力气的事情，或仅满足于一点既得的成绩，那么，能力与水平便会只停留在一个层面上，永远得不到长远地发展。其实，开创生活虽然不是很容易，但却会让我们的人生充实且富有意义，我们虽然无法使时光停止，但是可以停止消极悲观的思想，用进取的性格积极地开发和运用自己的潜能，就一定会达到理想的彼岸。

四、刚毅的人永不低头：

不可有傲气，不能无傲骨

　　人不可有傲气，有了傲气，往往会自命不凡，认为自己能干，比别人高出一筹，从而目中无人。对于这种人来说，成功无异成了"毒药"。但是应具备"傲骨"。什么是傲骨呢？就是应当有志气，有自信心，有顽强不屈的性格。它是一种动力、一种美德，折射的是一个人的人格。有了傲骨就有了原则和立场，就会处理任何复杂的事情，就会赢得尊重，同时也是做人应有的风范！有傲骨，有信心的人，失败后并不气馁，相反，他们会在新的基础上不断探索。

刚毅有时成就了一个时代

刚毅是一种刚强、硬朗、有血性的性格。具有刚毅型性格的人，勇敢顽强、无坚不摧。在困难与挫折面前他们决不会轻言放弃，而是知难而进，愈挫愈勇。

20世纪80年代的英国，可以说是玛格丽特·撒切尔的时代。

从20世纪70年代末期登上大英帝国政治的巅峰到90年代初期退位，风风雨雨12载，她以其刚毅的性格、鲜明的个性、超凡的勇气，一次又一次把英国从绝望的困境中引领出来。她3次蝉联英国首相，使萎靡不振、墨守成规的大英帝国焕发起了精神，她对国家以及西方所发挥的影响至今仍令世界震动。撒切尔夫人从默默无闻一跃而为首相，她在其职业生涯上的成功与她固有的性格优势密不可分。

玛格丽特·撒切尔生于1925年10月13日。她并非是富商巨贾之女，也不是名门望族之后。祖父是个鞋匠，外祖父是铁路警察。父亲艾尔费雷德·罗伯茨是个小店主，在英格兰林肯郡的小镇格兰瑟姆经营肉品杂货店；母亲结婚前当过裁缝。在英国，这样出身卑微的女子，要想登上国家的权力之巅，是件不可思议的事情。

即使在玛格丽特当上保守党议员以后，议会里那些出身显赫的政要仍以不屑的口吻说："瞧玛格丽特，她的举止，她的声音，她的容貌，都是中等阶级那一套。"可是性格刚毅的玛格丽特从不因出身寒门而自惭形秽。她回敬嘲讽者道："我就是我，我已被选入议会，我将我行我素。"

中学时代的玛格丽特学习认真，成绩优异。高中毕业后，报考了牛津大学化学系。

在她18岁那年，即1943年，跨进了牛津大学的门槛。

在英国，大学里的化学系，历来是很少有女学生报考的，玛格丽特决定选读化学系，是她第一次表现出与众多女学生的不同之处——她相信自己能够做好。

按一般常理而论，玛格丽特进入化学系，学的专业是化学，将来一辈子吃化学饭是确定无疑的了。她毕业后的第一个职业，就是在一家航空公司塑料部进行塑料表面扩张的研究，干得还相当出色。

1951年12月13日，玛格丽特与丹尼斯·撒切尔结婚了。两年后，撒切尔夫人生了一男一女的龙凤胎。玛格丽特在产前已开始攻读法律，产后能否坚持学习，是对她意志的一次考验。她意识到，如不做出极大的努力，她可能永远不能出来工作了。于是，性格刚毅的她在孩子满月后就恢复学习。孩子生下4个月还在襁褓之时，她即参加律师业的最后考试，被录取为律师。律师比起化学师来，离政治舞台要近得多。玛格丽特正朝着一条通向议会的道路往前走去。

在英国，妇女当律师的并非是个别现象，只不过一般女律师大都是处理诸如离婚等民事诉讼案件罢了。玛格丽特在这一点上又不随大流，她闯进了向来被视为只能由男子管理的部门——税务法官议事室。玛丽格特不仅实现了当律师的夙愿，而且又有了税务法庭的工作经历，这对其步入仕途以及日后的官场生涯，无疑是很有助益的。

1959年，玛格丽特等到了机遇。当时在芬奇利选区，上届大选以绝对多数当选议员的保守党人克劳德爵士，因家庭原因宣布不再竞选连任。刹那间，希望填补克劳德遗缺的200多位申请者蜂拥而至。然而，他们统统不是撒切尔夫人的对手。玛格丽特拥有在达特福选区竞选时出色的工作记录，又有多年律师工作的经历，而且她刚毅果敢的性格让别人对她刮目相看。芬奇利选区保守党选举委员会一眼就看中了她。竞选中她击败所有对手，在威斯敏斯特议会大厦赢得一席之地，时年34岁。这是撒切尔夫人政治生涯的新起点。她告别了律师事务所，开始以职业

四、刚毅的人永不低头：不可有傲气，不能无傲骨

政治家的姿态在议会崭露头角。

1960年初，议会辩论一项由她提出的允许新闻记者参加一些地方议会的议案。这是玛格丽特第一次登上议会讲台。她不用稿子，花了30分钟时间，阐述了很难说清而又容易引起论战的议题。表决时，该议案以压倒多数通过，准予二读。议员们拥向玛格丽特，祝贺她获得成功，连反对该提案的工党议员，也不得不承认说：撒切尔夫人的讲话确实具有那种男性都难以具备的刚毅风格，给人以一种力量性的震撼。

撒切尔夫人很快成为全国的知名人物，她思想敏捷，在议会辩论中，能熟练地引经据典，精确地掌握数字。1961年10月，撒切尔夫人出任麦克米伦内阁的年金和国民保险部政务次官。她作为高级官员参加的第一次重大辩论便使人难以忘怀。当时，反对党指责政府没有提高年金。玛格丽特在答辩中列举了一系列数字，指出1946年、1951年、1959年和1962年这些年里年金的数目，有吸烟者和无吸烟者家庭的生活费用，年金上的支出总额，以及瑞典、丹麦、西德的年金水平。她一口气讲了40分钟，使在座的议员听得目瞪口呆。

自此之后，撒切尔夫人成了保守党日益倚重的人物。1964年保守党政府下台后，她先后被任命为保守党住房与土地事务、财经事务、燃料与动力事务以及教育问题发言人。1970年保守党重新执政，玛格丽特出任教育大臣。1974年保守党在大选中败北，这时候，保守党及其领袖希思先生的处境很不妙，而撒切尔夫人却脱颖而出。

1974年，保守党在大选中失败以后，党内有些人希望他们的领袖希思辞职，让保守党主席怀特洛来重振党的声威。

然而，爱德华·希思是一位志向博大而又有坚忍不拔性格的人。在他看来，当一名出色的首相和作一位出色的丈夫，二者不能兼得。他坚定地选择了前者，始终坚持不婚。1974年大选虽然失败，但他雄心未泯，仍抱着"当一名出色首相"的宏愿，准备东山再起。

1975年2月，保守党在布莱克普尔举行年会。不管希思愿意与否，年会按例要选举党的领袖。希思是当然的候选人。他手下人放风说：除了希思，眼下无人堪当此任。而希思本人也具有 20 余年从政的丰富阅历，将近 4 年的首相经历，以及长达 10 年的保守党领袖生涯，这也使得希思在党内处于举足轻重的地位，是全党公认的最高权威。因此，要与希思争夺党的领袖地位，一般人都望而却步。

谁料有一天，一位妇女走进了希思的办公室，彬彬有礼地对希思说："阁下，我来向你挑战！"这位妇女正是撒切尔夫人。她经过反复掂量，决定亲自出场同希思一试高低。保守党的一些头面人物，对撒切尔夫人的这种行动方式感到十分惊奇。有人说，这种事通常是在暗地里干的，可她竟然采取如此的坦率行动。

撒切尔夫人在 16 年的议会生活中所表现出来的刚毅性格，原已博得保守党后座议员的好感，她向希思挑战的勇气和魄力，连前座议员也交口称赞。一些平时对希思不满的保守党人士，一下子就倒向撒切尔夫人一边，这更使玛格丽特声名大振。

按照选举规则，投票是在保守党下院议员中进行的。当时，保守党在下院共有 278 名议员，候选人必须得到 140 票的绝对多数才能当选。第一轮投票的结果，大大出乎人们的预料，撒切尔夫人获得 130 票，希思只得 119 票。两小时以后，希思辞去了保守党领袖的职务。希思败阵之后，原希思阵营里马上杀出几员大将来同撒切尔夫人交锋，但是一个星期后举行第二轮投票时，他们比希思输得更惨，怀特洛共得 79 票，其他三人连 20 票都没得到。撒切尔夫人遥遥领先，以 146 票的绝对多数，当选为英国历史上第一位女党魁。

当上保守党领袖，打破了这一职位历来由男人垄断的局面，这为撒切尔夫人登上首相之位创造了必不可少的前提。在这以后，这位女党魁开始向她的最终目标——唐宁街十号进发了。

性格刚毅的玛格丽特·撒切尔雄心勃勃，是一位不甘居男人之后的女性。早在 1952 年，她就在报上撰文，披露抱负，强调妇女应该像男

人一样有领导内阁的机会，要打破内阁首相的职位被男人垄断的局面。

1959年踏上仕途以后，撒切尔夫人更是到处讲演，为提高妇女的政治地位大造舆论。

撒切尔夫人自己的性格给其他妇女以某种启迪。她没有显赫门第的册封庇荫，也不具备夫贵妻荣的现成条件。但是，她凭着自己的坚强韧性，在通往权力峰顶的崎岖道路上，硬是把一大群男人甩到了后边。她是一个登上了梯子就一个劲地往顶点上爬的女人。

1979年，撒切尔夫人在大选中获得了胜利，当选为英国首相，此消息震撼了英国和欧洲政坛。败北的工党领袖卡拉汉向女王提交辞呈后说："一个女人占据这个位置，这是英国历史上的一件大事。"法国卫生部长西蒙娜·韦伊夫人热烈欢呼庆祝撒切尔夫人的胜利，把她的胜利说成是"所有妇女的胜利"。

撒切尔夫人一上台，随即宣布放弃上届工党政府实行的扩大开支、大搞福利主义以刺激需求和生产的凯恩斯主义，大刀阔斧地削减政府开支，推行把控制通货膨胀放在首位、严格控制货币供应量的货币主义政策，她力主要改变战后英国经济的方向。

玛格丽特的魄力和雄心是毋庸置疑的，但要到达其设想的彼岸，谈何容易。就在撒切尔夫人夸下"要改变战后英国经济方向"的海口以后不久，英国便陷入了20世纪30年代大萧条以来最严重的经济危机。这样一来，女首相的处境便可想而知了。批评、抱怨、咒骂纷至沓来。反对党工党幸灾乐祸，高喊撒切尔夫人的经济政策破产了。

面对这一切，撒切尔夫人没有彷徨徘徊。她坚信，她的政策是"唯一正确"的政策，只要不屈不挠地坚持下去，必定能云开见日。她意识到，在这思想混乱之际，安定内部是首要一环。1981年伊始，她向政府内部怀疑货币主义的人士发出了英国政界所说的"警告性射击"——对内阁作了第一次改组：解除了一名不同意她政策的大臣，提拔了两名坚决支持货币主义的人。

撒切尔夫人自己说过,她不是教条主义者,也不是爱走极端的人,而是一位有"坚定信念"的政治家。她相信货币主义,也希望英国人民逐渐认识到,如同著名的美国经济学家斯坦所说的那样,"撒切尔主义不是从一盒同样可口的巧克力糖中挑选出来的夹心糖,而是一颗药丸,明知是苦的,但是数十年来其他药物都已无效以后,还得服用"。撒切尔夫人为了坚持货币主义的经济政策,披荆斩棘,闯过了一道道险关,经受了严峻的考验,但也得罪了不少人。她的新闻秘书厄姆评论她的货币主义实验时说:"这确是一场很大的冒险,如果她的政策成功了,她将成为全体英国人的宠儿;如果失败了,她将比任何人摔得更惨。但能否成功呢?只有上帝知道!"

1981年,是撒切尔夫人执政的第三个年头。在这一年里,女首相的日子是颇不好过的。一方面,为了货币主义,她遭到反对党、经济界以至执政党和政府内部交叉火力的攻击;另一方面,令人头痛的北爱尔兰问题,尤其是桑兹等人绝食身亡,使女首相承受着巨大的国内外压力。

然而,不论来自国际上或国内的压力多么大,撒切尔夫人依然故我。

这就是性格刚毅,不达目标誓不罢休的撒切尔。自此,她的"铁娘子"称号便在世界上传开了。不过人们对"铁娘子"的理解却迥然不同。赞扬撒切尔夫人的人说,"铁娘子是指处事果断,作风泼辣,意志刚毅";批评者说,此乃指她"强硬好战,刚愎自用,冥顽不化"。而撒切尔夫人自己的解释是,"不是一个人云亦云的政治家,也不是一个实用主义政治家,而是一个有坚强信念的政治家"。

但不管怎么说,撒切尔夫人从一名平凡的人上升到政治家的高度,她的刚毅型的性格是促使她走上政坛直至人生成功的主要原因。

四、刚毅的人永不低头:不可有傲气,不能无傲骨

坚毅是强者不可缺少的

坚毅是刚与毅的结合，具有这种性格的人不仅性格刚强，而且还具有坚强持久的意志力。这也正是强者所不可或缺的。在生活的海洋中，事事如意、一帆风顺地驶往彼岸的事情是很少的。或学习上遇到困难，或工作中受到挫折，或生活上遭到不幸，或事业上遭到失败，这些都有可能发生。当不幸的命运降临到我们身上的时候，我们应当怎么办呢？

唉声叹气，自叹"时乖运蹇"，自认倒霉，这是一种性格。在打击和磨难面前，仅仅停留于无休止的叹息，不会帮助你改变现实，只会削弱你和厄运抗争的意志，使你在无可奈何中消极地接受现实。

悲观绝望，自暴自弃，这也是一种性格。一遇挫折就悲观失望，承认自己无能，这是意志薄弱、缺乏勇气的表现，也是自甘堕落、自我毁灭的开始。用悲观自卑来对待挫折，实际上是帮助挫折打击自己。是在既成的失败中，又为自己制造新的失败；在既有的痛苦中，再为自己增加新的痛苦。

在我们的生活中，倘若遭遇到不幸，就应鼓起勇气，振作精神，以刚毅的精神同厄运进行不屈的斗争。

1921年夏天，罗斯福得了脊髓灰质炎。尽管他经过了多年的艰苦锻炼，试图重新用腿来走路，但他走路时仍然只能靠支架和拐棍。被人背着或用轮椅车推着，已成了罗斯福生活中的正常现象。但是，罗斯福从不抱怨自己的残疾，很少对朋友、同事们提起此事。有人问他，是否对这些不便感到烦恼，他却说："假如你在床上躺上两年，连大拇指都很难动弹一下，受过这种滋味，再干别的就容易多了！"

1928年，几乎瘫痪的罗斯福开始竞选纽约州长时，他镇定自若的性格给众人留下了非常深刻的印象。有一次,他到纽约市的约克维尔区的礼堂去讲演,就是以这种镇定自若的性格让别人抬着他通过安全门进入集会大厅的。有人评论说,罗斯福的成功之道首先就是承受了身体上需要别人帮助的最大羞辱,他微笑着经受了这一羞辱。他从那可怕的、令人难堪和令人羞辱的入口进来了,性格却是那样愉快、谦恭和刚毅。他带着支架艰难地站起来,调节一下,挺起胸膛,理了理头发,挽着儿子吉姆的手臂,一步一颠地走上了讲台。似乎这一切都很正常。

就是拖着这样一具残体,罗斯福战胜了所有强健的竞争对手,不但顺利当选了纽约州长,而且成为美国历史上唯一连任四届、政绩十分显赫的总统。

生理上的残疾并不可怕,可怕的是心灵上的残疾。因为获得成功的最重要的因素是来自于伟大而坚强的意志。

在生活中的不幸面前,有没有坚强的性格,在某种意义上说,也是区别伟人与庸人的标志之一。巴尔扎克说:"苦难对于一个天才是一块垫脚石,对于能干的人是一笔财富,而对于庸人却是一个万丈深渊。"有的人在厄运和不幸面前,不屈服,不后退,不动摇,顽强地同命运抗争,因而在重重困难中冲开一条通向胜利的路,成了征服困难的英雄,掌握自己命运的主人。而有的人在生活的挫折和打击面前,垂头丧气,自暴自弃,丧失了继续前进的勇气和信心,于是成了庸人和懦夫。

鲁迅说得好:"伟大的胸怀,应该表现出这样的气概——用笑脸来迎接悲惨的命运,用百倍的勇气来应付自己的不幸。"

拥有坚毅的性格可以战胜一切艰难险阻,任何困难和挫折都不能阻止他们前进的脚步,忍受压力而不气馁,勇于知难而进,是最终成功的要素。努力锤炼性格的坚毅,人人都可以走向成功,也只有这样才能更好地适应社会的发展,在充满竞争的社会中始终立于不败之地。

四、刚毅的人永不低头:不可有傲气,不能无傲骨

失败了更要昂首挺胸

　　失败是人生成功路中适应环境的重要因素。消灭了失败，我们就可能让成功消失。就像我们滥用抗生素一样，让所有的病菌消失，我们也可能消灭了健康。对每个人来说，失败就是一件十分正常的事情，每个人都应该有勇敢面对失败和挫折的性格。

　　平凡的人更不要把失败作为一粒种子埋藏在潜意识中，如果那样，很可能会把成功从根本上摧毁。像风吹过一样，不要让失败在心里留下任何消极影响，而要让失败转化为鞭策自己的力量，逐步走向成功。

　　人生中有成功就有失败，平凡的人失败了也并不意味着你就是一个失败者，失败只是表明你尚未成功；失败不意味着你没有努力，失败表明你的努力还不够；失败不意味着你必须忏悔，失败表明你还要吸取教训；失败不意味着你一事无成，失败表明你得到了经验；失败不意味着你无法成功，失败表明你还需要一些时间；失败不意味着你会被打倒，就算失败了你依然要昂首挺胸地面对。

　　人人都有失败，在人生的旅程上，有谁是一帆风顺的呢？富人们的成功也是历尽了不计其数的坎坷才苦尽甘来的。没有那数不尽的经验总结，成功从何而来？因此，成功是建立在无数次失败之上的。为什么有些人能取得成功，而有些人却一辈子都是平凡的人呢？他们的区别就在于：在失败面前，弱者一味痛苦迷惘，畏缩不前；强者却坚持不懈地追赶失败后的成功，这才有了贫富之间的差距。找到了原因所在，平凡者就要清醒了：面对失败，不要向失败低头示弱，而应该昂首挺胸，重新扬帆，乘风破浪。终有一天，你会摆脱平凡，走进成功人士的圈子。

　　世上的事并不是说你有信心去做，就会成功的。俗话说：失败是成功之母。没有失败的教训，哪会有成功呢？平凡的人不能被失败吓倒，要勇于向失败挑战。假如一次失败了，便情绪低沉，一蹶不振，那又怎么能成功呢？摔倒了固然痛苦，但成功只属于那些失败后也会昂首挺胸的人。

凡人，只有坚守信念，才能守得云开见月明！只有彻底击败心底的溃退，才能走向成功。不要被挫折击垮，也不要被失败吓倒，更不要蹉跎在过去的岁月当中。凡人，只有经得起挫折，才能真正成为掌握命运的强者，真正的强者是永不言败的。强者在挫折面前会愈挫愈勇，而弱者面对挫折会颓然不前。凡人，不能忘记，当你为错过夕阳而流泪时，也将错过如梦如银的星月。

每个人都有遇到挫折时，有些人或许会想：我是凡人，我失败了就一无所有了。这种想法是错误的，假如你因一时受挫，而对自己的能力产生怀疑，进而形成一种压力。那么，你一辈子就只能是凡人。

虽然现在你是凡人，但当你遇到挫折时，也应该保持头脑清晰、面对现实、勇敢面对、不要逃避。因为逃避是不能解决问题的，只能冷静地分析自己失败的原因。假如是自身因素的话，那么自己就应该好好反省一下，为什么会犯这样的错误呢？今后应该怎样做，才能避免同类事件的发生呢？事情已发生了，不要急于去追究责任或是责怪自己，而应该想想事情是否还有挽回的余地。要是有的话，应该怎样做才能把损失或伤痛减到最低呢？应该怎样做自己才会感觉舒服一点呢？这才是失败后应该做的事情。

在当今社会中，人大约可以分为两种。第一种是在人生的道路上停步不前或缓缓地徘徊。这种人不会经历失败，也没有成功，但假如一辈子都这样过，这就是一场失败的人生。与这样的人讨论失败的问题就没有意义了。第二种人向着目标一直前进，这样就难免失败，在失败面前，他们依然昂首挺胸向前走，他们所走的每一步也就成了成功的记录。作为凡人，你当然应该选择做第二种人。

四、刚毅的人永不低头：不可有傲气，不能无傲骨

假如要向目标一直前进下去，就应该善待失败。当一个人在路上摔了一跤时，他有两个选择：第一，倒在那里不走了，这一生就失败了；第二，站起身继续走，这一种选择就是一个成功，站起来又是一个成功，再走出一步，后面还有无数个成功。凡人就应该走第二条路，在哪里跌倒就在哪里爬起来，这才是强者的选择，这样才能走向成功。

　　假如善待一次失败，就可以避免下一次同样或类似的失败，善待每一次失败就可以避免更多的失败。在平时如果失败过又能善待，就可以避免在关键的时候失败。

　　失败是人生的熔炉，它可以把人烤死，也可以使人变得坚强、自信。凡人如果曾经在失败面前昂首挺胸，在你年迈时，你也可以自豪地对自己的子孙后代说："我曾在失败面前昂首挺胸。"

　　失败是一道靓丽的风景线，是经受夭折的玫瑰。遭受台风的果园虽令人无奈，但它却有无限的幽香。失败是枫叶，虽然被秋风扫落，却被热血渲染。失败是成功路上层层的山峦，汹涌的浪涛，凡人只有走过沟坎，才会到达成功的彼岸。

　　凡人更不能抱怨生活给了你太多的磨难，也不必抱怨生命中有太多的曲折。大海如果失去了巨浪的翻滚，就会失去雄浑；沙漠如果失去了飞沙的狂舞，就会失去壮观；人生如果仅去求得两点一线的一帆风顺，生命也就失去了存在的魅力。人生就是由无数个失败才走向成功的，少了失败的插曲，成功有时也是没有任何意义的。

　　失败是一道菜，一道难以下咽的苦菜，因为你穷，所以你不得不把它吃下去。当朋友离你而去，当苦苦追求的梦想屡受挫折，你便知道了人间的苦涩。你徘徊，你失落，甚至想死，但你还是不能放弃。当你昂首挺胸地把失败这道菜吃下去时，你就会意识到，失败不过是酸甜苦辣的人生中的一碟小菜，并没有你想象的那么难吃。

　　凡人在失败时一定要昂首挺胸，同时也要学会主动与他人交往。遇到挫折而气馁的人，常常垂头是失败的表现，是没有力量的表现，是丧失信心的表现。成功的人，得意的人，获得胜利的人总是昂首挺胸，意气风发。昂首挺胸是富有力量的表现，是自信的表现。凡人失败时的昂首挺胸，也是维护其自尊的表现。

凡是真正大的智慧，往往源于失败的教训。古今中外，大多数成功者都经历过失败，可贵的是他们的勇气。马克·吐温经商失意，弃商从文，结果一举成名。因为他曾经微笑面对过失败。

巴尔扎克说："世界上的事情永远不是绝对的，结果因人而异，苦难对于天才是一块垫脚石，对能干的人是一笔财富，对于弱者是一个万丈深渊。"只要在失败中吸取经验教训，体会方法，思考原因，这样，我们才会变得成熟，才会成功。

因为平凡，在激烈的竞争求职面前，或许你会无能为力，于是你失败了；在汹涌的经济大潮面前，你无能为力，于是你又失败了；在日益巨大的社会压力面前，你无能为力，于是你还是失败……失败把你压得喘不过气来，失败把你折磨得心力交瘁。

你失败了，于是你感到无助、胆怯、彷徨。面对接连的失败，你也许会受不了打击，不知道该怎么办。英国著名演讲家布朗曾说过："失败只是一次经历，而绝不是人生。"

失败并不可怕，只要你找出失败的真正原因，以一颗积极的心态去善待失败，那么，失败就会远离你！但是，如果你不敢接受失败，一味逃避失败，在失败面前总是寻找一些客观的理由，那你就犹如掉进万丈深渊，你的生活就会灰暗一片。

当你不断失败时，你也正在不断接近成功。失败一次，你就得到一次失败的教训，你就知道了下次该怎样去做。人生旅途本来就是崎岖不平的，你不能因为一次失败就停滞不前。失败犹如沼泽地，你越是不能很快地脱身，它就越可能把你陷住，你也就越陷越深，直至不能自拔。此时，最关键的就是要立即昂首挺胸地从失败的漩涡中跳出来，不管花费多大的代价！因为只有跳出来，你才能看到一望无际的蔚蓝天空。

四、刚毅的人永不低头：不可有傲气，不能无傲骨

人类从猿到人，直立起来行走，在这个过程中失败累累。如果一失败就不再昂首挺胸，那至今还只能是猿。人之所以有作为，皆因在失败之后仍毫不气馁，能昂首挺胸继续走自己的路。

每项改革创新的事业，对每个参与者来说，都存在着同样的失败的可能。区别仅在于：对待失败的性格不同。有的在失败面前低下了头，弯下了腰，失败真成了"失败"，成了永远记录在案的"失败"。相反，在失败面前昂起头来，挺起胸来，则失败不过是走向成功的一个必经阶段。成功不属于懦弱者，只属于愈挫愈奋、越战越勇的勇敢者。失败和成功一样，都是我们人生的宝贵财富。

凡人能够昂首挺胸面对失败，是自信，是清醒，是情操，也是境界。不要为一次次的失败而懊丧，失败后应该勇敢地站起来，更深入地思考，更顽强地探索，昂首挺胸向前走，相信成功会属于你的。

"人的生命犹如江水在奔腾，不遇到岛屿和暗礁难以激起美丽的浪花。"失败对于每一个人来说都是不可能避免的，只要你在失败面前敢昂首挺胸，坦然面对失败，你就会战胜失败。

不向败局妥协

面对可能出现的败局，我们不能放之任之，因为这种败局只是一种可能，没有必然性，因此，在可能失败之前，我们必须先保证不失败，或者力求少失败。

孙子曰："昔之善战者，先为不可胜，以待敌之可胜。不可胜在己，可胜在敌。"意思是从前会打仗的人，先要造成不会被敌人打败的条件，再等待可以战胜敌人的机会。不会被敌人战胜，主动权操在自己手中；能不能战胜敌人，却在乎敌人是否犯错误给我们创造了制胜的机会。

纵观古代的很多战例，大凡军队出征之前，定当部署守土之兵；军队行进之时，必先安排断后之将；两军交战之后，均须防备对方晚上劫营。照此做法，两军对垒之时，有可胜之机则战而胜之，无取胜之机也不会被敌人抓住机会而致落败。

其实人生也是这个道理，你若想在政界脱颖而出，必须言不逾矩，行不忤法，否则授人以柄，难免前功尽弃，到时候纵有高才奇志也是枉然。你若想在商界崭露头角，便不能过度负债或违法经营，否则或在商战之中落马，或在法纪面前翻车。即使做个靠薪水度日，凭手艺谋生的小百姓，也要洁身自好，不给人以可乘之机，以免惹下麻烦。

先为不败后求胜，不仅是兵家保存自己，夺取胜利的谋略，同时也对人们求生存、图发展有着很好的指导意义。我们要想事业一帆风顺，便应经常寻找自己在法律的、经济的以及人际关系等方面的可能致败之处，并预加防范或及时补救，这样才能使自己求胜的理想置于无虞的基础之上，使理想之花结出胜利之果。假如经过一番艰辛的拼搏，事业仍然成功无望，此时当事人便应进行深刻的分析，看看是主观原因的影响还是客观条件的制约，并采取相应的对策摆脱困境。

有些事本来是可以成功的，但当事人或是办事方法选择不妥，有如缘木求鱼终不可得；或是有利条件利用不够，有如顺风行船只用双桨不扯帆；或是主观努力尚有欠缺，有如推车上坡进二退三，以致事业或开局不利，或半途受阻，或功败垂成。此时，当事人必须找出主观原因的症结，然后对症下药，以求力挽败局。

有些事或似陆地行船，缺乏成功的基础；或似竹刀伐木，受制于客观条件，其结果自是不言而喻，只能以失败而告终。此时当事人便应拿出壮士断腕的气概，放弃徒劳无功的努力，以便再筹方略，另闯新路，这样才有可能出现柳暗花明又一村的全新局面。

"对症下药"与"另闯新路"，这是面对败局两种截然不同的思维方式，前者立足于解决战术上的问题，后者着眼于纠正战略上的错误，

四、刚毅的人永不低头：不可有傲气，不能无傲骨

面对败局究竟应选择哪条路，这就全靠当事人的分析与判断了。

此外，面对失败，走向成功，你必须唱好三部曲：

超前思考，变不利为有利，大凡人们办事，一般都会碰到一些有利条件，也会遇见一些不利因素。此时，当事人便应超前思考，力争将不利因素转化为有利条件，使事业增添胜算。例如，在《三国演义》里，诸葛亮与周瑜想火攻曹操水军，但冬季只有西北风而无东南风，深知天文知识的诸葛亮正是利用这一点麻痹曹操，他算定甲子日开始将刮三天东南大风。届时依计而行，结果火凭风势，风助火威，孙刘联军的一把大火便大破曹军于赤壁。

稳步推进，积小胜为大胜，办事应循序渐进，不可急于求成，只有稳步推进，积小胜为大胜，事业的成功才能有一个坚实的基础，才能避免倾覆之危险。在曹、孙、刘三支力量的对比中，刘备虽处于劣势，但刘备在诸葛亮的辅佐下，先取荆州以为事业的起点，后取天府之国益州作为事业的根本，进而南伏获得蛮荒之众，北掠陇西等战略要地，终于实力大增，在后来魏、蜀、吴三国鼎立之中，成为一支举足轻重的力量。1997年的东南亚金融风暴刮至香港，香港政府为维护港币的稳定而决然出击，他们在股市上采用步步为营，积小胜为大胜的战略，与国际金融巨鳄索罗斯斗智斗勇，终于使索罗斯损失惨重铩羽而归。

精彩结尾，将理想变现实，千里行船，离码头虽仅一箭之遥，仍不算到达目的地；万言雄文，在结尾若有一句冗词，也称不上精彩文章。办事也是如此，如果前紧后松，草草收场，很可能胜券在握之事竟流于失败结局。我们办事必须像飞行员远航归来一样，只有完成最后一个制动动作，将飞机安然停在停机坪的预定位置上，才能算是完成一个精彩的起落。人们只有精神饱满、严肃认真地使事情精彩结尾，才算是真正将理想变为现实。

人们若能事事唱好上述"三部曲"，则人生就能够挑战失败，从而不断地获取成功。

失败是一个过程，而非一个结果；是一个阶段，而非全部。不向败局妥协的人，才是生活中真正的强者。

把挫折当成前进的阶梯

人没有战胜困难的性格，就如同要磨拭刀刃缺乏磨刀石一样。因为刀尖只有在磨刀石的砥砺控拭中才能变得锋刃。也就是说，人若经不住困难的锤炼，则难有伟大可言。风筝是逆风而上，英雄则要逆境而上。

在人生这个大舞台上，不管你所担任的是什么角色，你越是能坚持，越是能奋斗，你成功的希望才会越大。

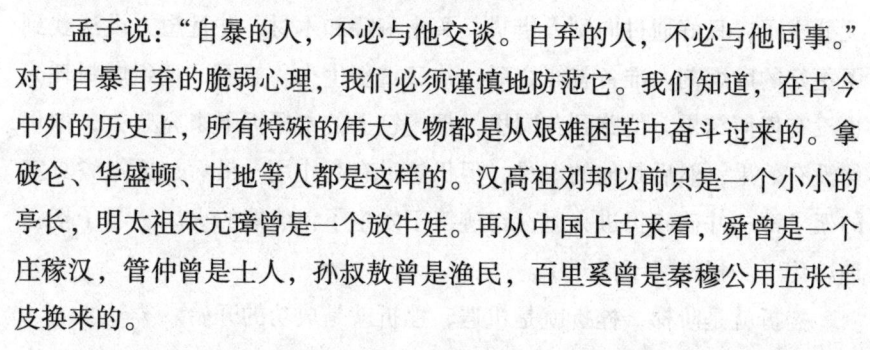

孟子说："自暴的人，不必与他交谈。自弃的人，不必与他同事。"对于自暴自弃的脆弱心理，我们必须谨慎地防范它。我们知道，在古今中外的历史上，所有特殊的伟大人物都是从艰难困苦中奋斗过来的。拿破仑、华盛顿、甘地等人都是这样的。汉高祖刘邦以前只是一个小小的亭长，明太祖朱元璋曾是一个放牛娃。再从中国上古来看，舜曾是一个庄稼汉，管仲曾是士人，孙叔敖曾是渔民，百里奚曾是秦穆公用五张羊皮换来的。

这就是说，我们不要把自己的发展力量估计得太渺小，把环境的束缚力量估计得太大。只要我们拥有刚毅的性格，勇敢地与外力拼搏，一定能有所成就。

伯纳德·帕里希于1828年离开了法国南部的家乡，那时他年仅18岁。按他自己的说法："那时候一本书也没有，只有天空和土地为伴，因为它们对谁都不会拒绝。"当时他只是一个不起眼的玻璃画师，然而，他内心却怀着满腔的艺术热情。

一次，他偶然看到了一只精美的意大利杯子，完全被它迷住了，这

四、刚毅的人永不低头：不可有傲气，不能无傲骨

71

样，他过去的生活完全被打乱了。从这时候起，他内心完全被另一种激情占据了。他决心要发现瓷釉的奥秘，看看它为什么能赋予杯子那样的光泽。

此后，他长年累月地把自己的全部精力都投入到对瓷釉各种成分的研究中。他自己动手制造熔炉，但第一次就以失败告终。后来，他又造了第二个。这一次虽然成功了，然而这只炉子既耗燃料，又耗时间，让他几乎耗尽了财产，最后他甚至买不起家常便饭。然而每次他在哪里失败就从哪里重新开始，最终，在经历无数次的失败之后，他烧出了色彩非常美丽的瓷釉。

为了改进自己的发明，帕里希用自己的双手把砖头一块一块垒了起来，建了一个玻璃炉。终于，到了决定试验成败的时候了，他连续高温加热了6天。可是，出乎意料的是，瓷釉并没有熔化。但他当时已经身无分文了，只好通过向别人借贷又买来陶罐和木材，并且想方设法找到了更好的助熔剂。准备就绪之后，他又重新生火，然而，直到燃料耗光也没有任何结果。他跑到花园里，把篱笆上的木栅拆下来充柴火，但仍然没有效果；然后是他的家具，但仍然没有起作用；最后，他把餐具室的架子都一并砍碎扔进火里，奇迹终于发生了：熊熊的火焰一下子把瓷釉熔化了。秘密终于揭开了。

挫折就是阶梯，挫折就是机遇，挫折就是成功的开始。

世上确有不少被埋没的人，但是，对于一个优秀的人来讲，即使他处在何种逆境之下，也一定可以取得某种程度的成功。不管遭遇多大的困难，他们也绝不会沮丧，纵使遭受再大的挫折，也能重新站起，勇往直前。

曾国藩曾说："自强刚毅之性，可破一切逆境。"说得极为深刻。如果你想获得成功，就应当强化自己打败逆境的刚毅性格。

耐心是性格，是成熟

齐白石是中国近代画坛的一代宗师。齐老先生不仅擅长书画，还对篆刻有极高的造诣，但他也并非天生具备这门艺术的天赋，他也经过了非常刻苦的磨炼和不懈的努力，才把篆刻艺术练就到出神入化的境界。

年轻时候的齐白石就特别喜爱篆刻，但他总是对自己的篆刻技术不满意。他向一位老篆刻艺人虚心求教，老篆刻家对他说："你去挑一担础石回家，要刻了就磨，磨了后又刻，等到这一担石头都变成了泥浆，那时你的印就刻好了。"

于是，齐白石就按照老篆刻师的意思做了。他挑了一担础石来，一边刻，一边磨，一边拿古代篆刻艺术品来对照琢磨，就这样一直夜以继日地刻着。刻了磨平，磨平了再刻。手上不知起了多少个血泡，日复一日，年复一年，础石越来越少，而地上淤积的泥浆却越来越厚。最后，一担础石终于统统都被"化石为泥"了。

这坚硬的础石不仅磨砺了齐白石的性格，而且使他的篆刻艺术也在磨炼中不断长进，他刻的印雄健，洗练，独树一帜。渐渐地，他的篆刻艺术达到了炉火纯青的境界。

坚定的性格，能使一个人平庸的生命变得伟大，塑造坚定意志的，就是耐心。鲁宾逊漂流到一座孤岛上，寂寞、孤独、痛苦、绝望，但他最终从痛苦中醒来，以坚强的性格生存下来，把握了自己的生命。这是耐心性格的力量体现。爱迪生为了找到一个新材料，试验了几千种物质，面对了一次又一次的失败，最终成功，这也是耐心的力量。

一对情侣在咖啡馆里发生了口角，互不相让。然后，男孩愤然离去，只留下他的女友独自垂泪。心烦意乱的女孩搅动着面前的那杯清凉

四、刚毅的人永不低头：不可有傲气，不能无傲骨

的柠檬茶，泄愤似的用匙捣着杯中未去皮的新鲜柠檬片，柠檬片已被她捣得不成样子，杯中的茶也泛起了一股柠檬皮的苦味。

女孩叫来侍者，要求换一杯剥掉皮的柠檬泡成的茶，侍者看了一眼女孩，没有说话，拿走那杯已被她搅得很混浊的茶，又端来一杯冰冻柠檬茶，只是，茶里的柠檬还是带皮的。

原本就心情不好的女孩更加恼火了，她又叫来侍者："我说过，茶里的柠檬要剥皮，你没听清吗？"侍者看着她，微笑着说："小姐，请不要着急，柠檬皮经过充分浸泡之后，它的苦味溶解于茶水之中，将是一种清爽甘洌的味道，正是现在的你所需要的。不要想在三分钟之内把柠檬的香味全部挤压出来，那样只会把茶搅得很混，把事情弄得一团糟。"

女孩愣了一下，心里有一种被触动的感觉，她望着侍者的眼睛，问道："那么，要多长时间才能把柠檬的香味发挥到极致呢？"

侍者笑了："12个小时。12个小时之后柠檬就会把生命的精华全部释放出来，你就可以得到一杯美味到极致的柠檬茶，但你要付出12个小时的忍耐和等待。"侍者顿了顿，又说道："其实不只是泡茶，生命中的任何烦恼，只要你肯付出必要的忍耐和等待，就会发现，事情并不像你想象的那么糟糕。"侍者说完就离去了。

女孩面对一杯柠檬茶静静沉思，回到家后，她自己动手泡制了一杯柠檬茶。她把柠檬切成又圆又薄的小片，放进茶里，静静地看着杯中的柠檬片，她看到它们在呼吸，它们的每一个细胞都涨开来，有晶莹细密的水珠凝结着。12个小时以后，她品尝到了她从未喝过的最绝妙的柠檬茶。这时门铃响起，女孩开门，看见男孩站在门外，怀里的一大捧玫瑰娇艳欲滴。

后来，女孩将柠檬茶的秘诀运用到她生活中的各个层面，她的生命因此而快乐生动。

生活有时就像故事中的柠檬茶，柠檬茶的清爽甘洌、极致美味的释放需要我们耐心地守候，幸福的生活何尝不是如此，耐心守候一份幸福，我们的生活也会快乐生动。

一位立志在40岁成为亿万富翁的先生，在35岁的时候，发现这样的愿望靠目前的薪水根本达不到，于是放弃工作开始创业，希望能一夜致富。过了5年，期间他开过旅行社、咖啡店，还有花店，可惜每次创业都失败，他的家也陷于绝境。到40岁时，他心力交瘁的太太无力说服他重回职场，在无计可施的绝望下，跑去寻求智者的帮助。智者了解状况后对太太说："如果你先生愿意，就请他来一趟吧！"

这位先生虽然来了，但从眼神看得出来，这一趟只是为了敷衍他太太而来。智者不发一语，带他到庭院中。庭院约有一个篮球场大，庭中尽是茂密的百年老树，智者从屋檐下拿起一支扫把，对这位先生说："如果你能把庭院的落叶扫干净，我会把如何赚到亿万财富的方法告诉你。"

虽然不信，但看到智者如此严肃，加上亿万财富的诱惑，这位先生心想扫完庭院有什么难，就接过扫把开始扫地。过了一个钟头，好不容易从庭院一端扫到另一端，眼见总算扫完了，拿起簸箕，转身回头准备收起刚刚扫成一堆堆的落叶时，他却看到刚扫过的地上又掉了满地的树叶。懊恼的他只好加快扫地的速度，希望能赶上树叶掉落的速度。但经过一天的尝试，地上的落叶跟刚来的时候一样多。这位先生怒气冲冲地扔掉扫把，跑去找智者，质问智者为何这样开他的玩笑。

智者指着地上的树叶说："欲望像地上扫不尽的落叶，层层消磨你的耐心。有耐心才能听到财富的声音：你心上有一亿的欲望，身上却只有一天的耐心，就像这秋天的落叶，一定要等到冬天时叶子全部掉光后才扫得干净，可是你却希望在一天就扫完。"说完，就请夫妻俩回去。

临走时，智者对这位先生说，为了回报他今天扫地的辛苦，在他们回家的路上会经过一个粮仓。里面会有100包用麻布袋装的稻米，每包稻米都有100斤重。如果先生愿意把这些稻米帮他搬到家里，在稻米堆

四、刚毅的人永不低头：不可有傲气，不能无傲骨

后面会有一扇门，里面有一个宝物箱，宝物箱里面有一些金子，数量不是很多。就当作是今天扫地与搬稻米的酬劳。

这对夫妻走了一段路后，看到了一间粮仓。里面整整齐齐地堆了约两层楼高的稻米，完全如同智者的描述。面对金子的诱惑，这位先生开始一包包地把这些稻米搬到仓外。数小时后，当快搬完时，他看到后面有一扇门，兴奋地推开门，里面确实有一个藏宝箱，箱上无锁，他轻易地打开宝物箱。

他眼睛一亮，宝箱内有一个小麻布袋，他拿起麻布袋并解开绳子，伸进手去抓出一把东西，可是抓在手上的不是黄金，而是一把黑色的小种子。他想也许这是用来保护黄金的东西，所以将袋子内的东西全倒在地上。但令他失望的是，地上没有金块，只有一堆黑色的种子及一张纸条。他捡起纸条，上面写道："这里没有黄金。"

这位先生失望地把手中的麻布袋重重摔在墙上，愤怒地转身准备离开，却见智者站在门外双手捧着一把种子，轻声说："你刚才搬的百袋稻米，都是由这一小袋的种子历时4个月长出来的。你的耐心还不如一粒稻米的种子，怎么能听到财富的声音！"

成功者要像棋坛高手一样，要沉得住气，既然知道这是一盘永远也下不完的棋，那么就让我们耐心一些慢慢下，一步一步的来。

由此可见，耐心不仅是一种健康的性格，更是一种成熟的标志。

五、勇敢的人永不畏惧：
做独一无二的自己

　　具有勇敢性格的人，永远都不会畏惧他人的眼光，因为在这个世界上，你是独一无二的。雪花是独一无二的，没有任何两片雪花是同样的，而指纹、声音和DNA也是如此。因此，可以肯定，每一个人都是独一无二的个人。尽管在世上没有与我们相同的人，但我们还是习惯与别人相提并论。把自己与别人比较是毫无意义的，因为你根本不知道别人在生活中的目标与动力以及别人独一无二的能力。我们对自己的认知、对自己的定位以及我们将要实现的目标，决定着我们在这个世界上的独特的位置。

靠自己救自己

人生有时经历的困境是并不相同的。有的困难别人能帮助你解决，而有时候你所遇到的困难，别人未必能直接帮得上你。那么靠自己的刚毅性格来挽救自己，才是希望，才是出路。

一天，放牛娃上山砍柴，突然遇到老虎袭击，放牛娃吓坏了，抓起镰刀就跑。然而，前方已是悬崖！老虎却在向放牛娃逼近。为了生存，放牛娃决定和老虎一决雌雄。就在他转过身面对张开血盆大口的老虎时，不幸一脚踩空，向悬崖下跌去。千钧一发之际，求生的本能使放牛娃抓住了半空中的一棵小树。这样就能够生存了吗？难！上面是虎视眈眈、饥肠辘辘的老虎，下面是阴森恐怖的深谷，四周到处是悬崖峭壁，即使来人也无法救助。吊在悬崖中的放牛娃明白了自己的处境后，禁不住绝望地大哭起来。

这时，他一眼瞥见对面山腰上有一个老和尚正经过这里，便高喊"救命"。老和尚看了看四周的环境，叹息了一声，冲他喊道："老纳没有办法呀，看来，只有你自己才能救自己啦！"放牛娃一听这话，哭得更厉害了："我这副样子，怎么能救自己呢？"

老和尚说："与其那么死揪着小树等着饿死、摔死，不如松开你的手，那毕竟还有一线希望呀！"说完，老和尚叹息着走开了。放牛娃又哭了一阵，还骂了一阵老和尚见死不救。

天快要黑了，上面的老虎算是盯准了他，死活不肯离开。放牛娃又饿又累，抓小树的手也感到越来越没有力量。怎么办？放牛娃又想起了老和尚的话，仔细想想，觉得他的话也有道理：是啊，这么下去，只能是死路一条，而松开手落下去，也许仍然是死路一条，但也许就会获得生存的可能。既然怎么都是个死，不如冒险试一试。

于是，放牛娃停止了哭喊，他艰难地扭过头，选择跳跃的方向。他发现万丈深渊下似乎有一小块绿色，会是草地吗？如果是草地就好了，也许跳下去后不会摔死。他告诉自己："怕是没有用的，只有冒险试一试，才能有生存的希望。"他咬紧牙关，松开了紧握小树的手。身体飞快地向选择的落脚点坠落，奇迹出现了——他落在了深谷中唯一的一小块草叶茂密的绿地上！

后来，放牛娃被乡亲们背回家养伤。两年以后，他又重新站立了起来！放牛娃用自己的经历告诉人们，绝处也能逢生。只要你不放弃希望，不放弃努力，就有可能获得重生的机会。

在成功者的字典里，是绝没有"绝望"一词的，因为他们不会轻易地否定自己，只知道等待自己的终将是希望，即使许多事情似乎已经到了绝望的边缘，他们也会拼搏一下，为自己寻找生存的希望。

上述这个故事告诉人们，即使在最绝望的时候也要坚守住最后的希望，用刚毅的性格去作最后的拼搏。这样，就会多给自己一次机会。说不定，会因此而获得一个崭新的人生。

只有一个独特的你

人是世间万物之灵长，你是世界上独一无二的。

谚语有云：

播种行为，收获习惯；

播种习惯，收获性格；

播种性格，收获命运。

甜蜜的爱情、美满的婚姻、幸福的家庭、亲密的朋友、信赖的知己、腾达的事业、辉煌的成就、别人的仰慕……这一切，我们每个人都想拥有，没有人希望自己在人生之路上遭遇失败。但成功除了离不开机遇与自己的拼搏外，首先要做和必须要做的，不是战胜外在，而是战胜自己；不是了解别人，而是了解自己。

了解自己主要是指认识自身的性格：是内向还是外向，是封闭还是开明，是自卑还是自信，是懒惰还是勤劳，是虚荣还是朴素，是偏执还是随和，是狭隘还是心胸宽大，是贪婪还是怯懦……不管是怎样的性格都不要惧怕，因为只要了解了自己性格的特点，就可以发扬优点，克服缺点。法国作家纪德说过，人人都有惊人的潜力，要相信你自己的力量与青春，要不断地告诉自己："万事全在我。"上天只创造了一个独特的你，你是独一无二的。成功胜利由自己创造，失败挫折由自己承担。

就如同这世上没有两片完全相同的树叶，这世上也没有两个完全相同的人，即使是同卵双胞胎外貌上旁人难以区分，但他们的 DNA 仍有着百分之几甚至零点几的差异。

也许你有些地方与别人相似，但你仍是无人能取代的，你的一言一行都有自己的个性和选择，因为你是自己的主人。无论高矮胖瘦，你的身体，从头到脚只属于你自己；你的目之所及，耳之所闻，你的脑子，包括情绪思想也只属于你自己。因此，你首先要喜欢自己，接纳自己的一切，然后才能深刻了解自己，进而将自己最好的一面呈现出来！

然而人多少会对自己产生疑惑，内心总有一块连自己也无法理解的角落。但只要你多支持和关爱自己，就必定能鼓起勇气和希望，为心中的疑问找到解答，并更进一步地了解自己。

你就是你，世上不会再有第二个你。

要正确认识自己

　　人要知道自己、了解自己，还要知道自己是一个什么样的人，有什么优点和缺点，自己应该走什么样的路，适合干什么等，换言之，人要找准自己的社会角色定位。

　　人一生的奋斗过程其实就是战胜自我的过程，要想战胜自我，当然首先要尽量地了解自己。假如对自己的优点、缺点都不清楚，那就很难在工作中扬长避短，挑战自我。

　　怎样看待自己与自信心有关，自信心强的人能较好地看到自己的潜力，而自卑的人则会对自己有所贬低。假如你觉得自己是个乐观向上的人，那么你就会表现得乐观向上；而如果你认为自己是个内向而迟钝的人，那很可能就会表现得内向迟钝。

　　但每个人对自己还是要有一个基本的认识。要能比较客观地看待自己的能力、性格。假若过高地看待自己，很容易遭受挫折。当你发展顺利、平步青云、一路鲜花掌声时，要时刻提醒自己保持清醒，不能滋生骄傲情绪，不能目中无人，目空一切。要像刚起步时那样看待朋友，看待生活，要一如既往地勤奋忠实。许多人就是在取得一点成绩以后就认不清自己，于是把自己和原来的"我"分开，同时也把自己和朋友、亲人分开，使自己游离于社会之外，其实这时在很多人眼里，他已经是个另类人物。

　　一旦一个人失去了一颗平常心，那他也就离失败不远了。很多成功的企业家之所以后来失败，就是因为没能很好地找准自己的坐标，没能把现在的自己和原来的自己联系起来。而且当一个人成功时，周围人的

吹捧也是最容易使人乱分寸的，因此，明白人永远是以自己心中的自我为基准，绝不在乎他人的吹捧。

人在逆境中也如顺境中一样会迷乱方向。挫折和困难会使人怀疑自己，很多坚强的人能认识到自己的能力和优势，也分析得清楚失败的原因，权衡再三，认为自己可以获得成功。于是，再次坚定自己的信心，再次树起理想，就地爬起，重整旗鼓，再创辉煌。也有一些人怀疑自己，进而认定自己确实不行，于是知难而退。

那么如何才能看清自己呢？首先对自己要有一个基本的认识，自己在人际交往方面有何特长，社交面如何？自己做事踏实吗？耐心和毅力如何？创新如何？至少对自己的血型和血质都要有一个基本的了解，然后根据这些资料给自己设计一个最佳的生活方式，选定一个比较能发挥自己优势的工作。

当然在工作中，人的能力会不断地改变，而且也会不断发现自己新的潜力。因此，平时如能多加学习，多和朋友交流，多给自己一些锻炼的机会，就会更早、更容易发现自己的潜能，从而使自己的能力得到充分的发挥。

做一个掌握自己命运的人

没有一个人的成功是一蹴而就的，没有谁可以一步登天。恰恰相反，所有的成功都是经历了一连串的失败之后才获得的。

印度诗人泰戈尔说："幸运女神不喜欢那些迟疑不决、懒惰、相信命运的懦夫。"

也许你常常自怨自艾，你不比别人差，但为什么不如别人呢？原因不外乎你对于命运的理解方法一无所知，亦即不知如何做才能掌握自己的命运。但是，殊不知还有更深一层的原因，即自身的性格也会对命运有着极大的影响。

伟大的音乐家贝多芬曾说过："我要扼住命运的咽喉，它绝不能把我完全压倒！"他在耳聋后依然创作出《命运交响曲》、《合唱交响曲》等许多杰出的作品。尤其是《命运交响曲》开始的四个音符，刚劲沉重，仿佛命运敲门的声音！它所表现的如火如荼的斗争热情，具有强大的感染力。

可见，通过积极的性格斗争战胜命运，做一个掌握自己命运的人，是多么的重要！

纵观古今中外，确实有那么一部分人把主宰自己命运的权力交给了上天。但是，当人们通过斗争把命运的主宰权收回来以后，发现人是可以掌握自己命运的。因此，一代又一代日益觉悟了的人们，一直在不懈地奏响着自立、不屈、抗争的命运交响曲。

成为自己命运的舵手

千万不要选择不适合自己性格的事业，那是失败与苦恼的开端。努力把握一切机会，让成功为自己喝彩。只有你，才是自己命运真正的主宰！

爱默生在一篇谈自信的文章中写道："要成为一名顶天立地的男子汉，就必须不随波逐流。"当你攀登顶峰的时候，你是站在某个"机构"的最上头，它或许是某个部门、某个工厂、某家公司或某个代理商。爱默生指出，每个渴望成功的人都必须明确地认识到：一个机构就是一个人加长的影子。

在你攀登顶峰的道路上，你不要拒绝别人的帮助，但要记住，从长远来讲，你依然是自己那艘船的船长，掌舵的人仍然是你自己，而这艘船将驶向你要去的地方，你必须是发号施令的人。因为别人的目的地未必是你想到达的目的地，你绝对不能随着他人的节拍而起舞。

当你一路攀向顶峰的时候，当你环顾四周的时候，你会发现自己竟然是如此的孤独，正所谓"高处不胜寒"。这时你或许会突然联想到："我要依靠谁？我要与谁同行？谁会带领我走过艰辛的一程又一程？"答案只能是：你自己！你一个人在步履蹒跚地朝着目标前进，你所依靠的正是那份独立自主的能力。因此，千万不要去"人云亦云"、"一窝蜂"，要不断地努力去做你认为对的事，做那些你在内心觉得应该去做的事。

即使你发现自己是如此孤独，如此与众不同，你仍然应该踏踏实实地去做事，切不可轻言放弃。

你应当遵守的规则是：当你独自在事业以及生活的领域里站稳脚步的时候，要确定你不会阻碍他人拥有相同的权力。除了你自己之外，绝对没有一个人对你的命运持有最后的决定权。

如果说你想成功，你必须要做和你性格相匹配的事情，那是你应行使的权力。换句话说，要让自信帮助你而非阻碍你。要根据自己的性格选择适合自己的事业，因为你相信这才是你最想要的。

发现真实的自己

你发现了真，也就找到了生命的本质；
发现了善，也就知道了怎样去做人；

发现了美，也就获得了生存的追求；

发现了本质，就不会为现象所迷惑；

发现了真理，就不会被谬论所纠缠；

发现了光明，在黑暗中就不会困顿；

发现了价值，在荒芜面前就能从容前行；

发现了动力，在遭遇厄运时依然会执著地奋斗；

发现了崇高，才不为卑微的心态所引诱；

发现了正义，才会不怕邪恶的恐吓。

在希腊帕尔纳索斯山南坡上，有一组石造建筑物，这就是驰名整个古希腊的特尔菲神庙。它的起源据说可以追溯到3000多年前。就在这个神庙的入口处，文献上说人们可以看到刻在石头上的一句话，就是——"认识你自己。"古希腊哲学家苏格拉底最爱引用这句格言教育别人，因此后世的人们常常误认为这是他的名言。但在当时，人们认为这句格言是阿波罗神的神谕！

人要找准自己的社会角色定位，要知道自己是一个什么样性格的人，自己的性格有什么优点和缺点、自己应该走什么样的路，适合干什么等。

生命中尤为重要的是要清楚自己的性格究竟和什么职业相匹配。但实际上大多数人没有真正花时间来思考这个问题。

面对多姿多彩的世界和各种各样的选择，很多人往往手足无措。就如同在茫茫大海中航行，假若你不知道将驶向何方，便注定了一生要忍受漂泊之苦。在你决定自己想要什么、需要什么之前，一定要先审视一番自己的性格特点，发现自己的真正需要。只有这样，你才能在生活中勇往直前，轻松阔步。

心理学家发现了一个十分有趣的现象：很多人之所以不能成功，关键是不能充分发现自己的价值。对自身的缺陷讳莫如深，其实是一种误区。人有很多资源，缺陷也是其中之一。只有善于发现自己，充分利用自身的资源，才能最大限度地挖掘自己、发挥自己。即使是一种缺陷，也并非没有可利用的价值。

　　曾经有位叫米莉的多伦多女人，身高仅有1米。为此，她感到十分烦恼。有一天，她在马路上闲逛，却忽然看到一位身高2米的英俊男子从身边走过，米莉脑海中顿时闪现一线商机。因此，她故意接近高个子男子，并建议他利用两人的身高特点，开办世界上第一个"极端"食品店，专营大小两极分化的糖果，并尽可能用夸张手段，使之成为鲜明的对比，以引起大人、小孩儿的好奇心。高个男人听后思考了一下，便欣然同意。"极端"食品店开张后果然顾客盈门，财源广进。

　　平凡的荒原，孕育着崛起，只要你肯去开拓；平凡的泥土，孕育着收获，只要你肯去耕耘；平凡的细流，孕育着能量，只要你肯去积累；平凡的我们，孕育着希望，只要我们肯去发现。自认为平凡的自己，孕育着我们想象不到的潜能，只要你能发现真正的自己！

六、宽容的人包容博大：
做人要有容人之量

　　宽容是一种健康的性格。唯宽可以容人，唯厚可以载物；有容乃大，不容无物。几句风趣话，多些宽容心，一个人必须要有容人之量。在一定意义上说，一个人能容多少人，他就能成就多大的事。如果连一个人也不能容忍，那他也只能顾影自怜、孤芳自赏，即使天下奇才如爱因斯坦等也是如此。如果一个人能够容纳天下的人，那就可以做大事。

豁达是一种超然洒脱的性格

豁达是一种博大的胸怀，是一种超然洒脱的性格，也是人类个性最高的境界之一。一般说来，豁达开朗之人比较宽容，能够对别人有不同的看法、思想、言论、行为以至对他们的宗教信仰、种族观念等都加以理解和尊重。不轻易把自己认为"正确"或者"错误"的东西强加于别人。他们也有不同意别人的观点或做法的时候，但他们会尊重别人的选择，给予别人自由思考和生存的权力。

人这一辈子，也不过百年，与其悲悲戚戚、郁郁寡欢地过，倒不如痛痛快快、潇潇洒洒地活。可人生一世，那么多的风风雨雨，坎坎坷坷，怎样才能活得精精神神的？拥有豁达的性格就是最大的奥秘。

豁达是一种超脱，是自我精神的解放，人要是成天被名利缠得牢牢的，把得失算得清清的，是多么的累！人肯定要有追求，追求是一回事，结果是一回事。你要记住一句话：事物的发生发展都必须符合时空条件，有"时"无"空"，有"空"无"时"都不行，那你就得认了。人活得累，是心累，常唠叨这几句话就会轻松得多："功名利禄四道墙，人人翻滚跑得忙；若是你能看得穿，一生快活不嫌长。"

豁达是一种开朗。豁达的人，心大，心宽，悲痛的情绪，都在嬉笑怒骂、大喊大叫中撕个粉碎。我们要按生活本来的面目看生活，而不是按着自己的意愿看生活。风和日丽，你要欣赏，光怪陆离，你也要品尝，这才自然，你就不会有太多的牢骚，太多的不平。不过，"月有阴晴圆缺"对谁都一样，"十年河东，十年河西"，一切都会随着时间的推移而变化。阴阳对峙，此消彼长，升降出入，这就是生机，拿这大字宙，看你这个小宇宙，你能超越得了？

豁达是一种自信，人要是没有精神支撑，剩下的就是一具皮囊。人的这种精神就是自信，自信就是力量，自信给人智勇，自信可以使人消除烦恼，自信可以使人摆脱困境，有了自信，就充满了光明。豁达的人，必是一条敢作也敢为的汉子，那种佝偻着腰杆，委曲求全的人，绝不是自家兄弟。

豁达不是李逵式的自我流露，豁达是性格中最美好的因子，是一种至高的精神境界，说到底是对待人世的态度。苏东坡一生颠沛流离，却是"猝然临之而不惊，无故加之而不怒"。沈从文也好，马寅初也好，一些伟人的跌宕起伏也好，对于人生的种种不平、不幸，都被其博大胸襟和知识学问所涵盖，以及由善良、忠直、道义所孕育的不屈不挠的生命力所战胜了。

坦坦荡荡，大大方方，巍巍峨峨，正正堂堂。

雄雄赳赳，磅磅礴礴，轰轰烈烈，辉辉煌煌。

郭沫若这首诗是歌颂天安门的，也是对豁达性格的赞美。

豁达大度、宽宏大量

古人曾经说过："人有德于我也，不可忘也；吾有德于人，不可不忘也。"别人对我们的帮助千万不可忘记，别人若有愧对我们的地方也应该乐于忘记。老是对别人的坏处念念不忘的人，实际上受伤害最深的是他自己的心灵。这种人轻则内心充满抱怨，郁郁寡欢；重则自我折磨，甚至不惜疯狂报复，酿成大错，而那些"乐于忘记"的人不仅忘记了自己对别人的好，更难得的是他们忘记了别人对他们的不好，因此

六、宽容的人包容博大：做人要有容人之量

他们可以甩掉不必要的包袱，无牵无挂地轻松前进。

一个具有豁达大度、宽宏大量的性格的人最容易与别人融洽相处，同时也最容易获得朋友。古今中外因为有容人之量而获得他人的颂扬的例子数不胜数。

唐高宗时期，有个吏部尚书叫裴行俭，家里有一匹皇帝赐予的好马和一个珍贵的马鞍。他有个部下私自将这匹马骑出去玩，结果摔了一跤，摔坏了马鞍，这个部下非常害怕，连夜逃走了。裴行俭不但派人把他找了回来，而且没有责怪他。

又有一次，裴行俭带兵去平都支援李遮匐，结果获得了许多有价值的珍宝，于是就宴请大家，并把这些有价值的珍宝拿出来给客人看，其中有人把一个非常漂亮的玛瑙拿出来时不小心给打碎了，顿时害怕得不得了，伏在地上叩头请罪。裴行俭说："你不是故意的，起来吧。"

因为具有容人之量，受损的一方并没有因自己的损失而大发雷霆，而相反表现出宽宏大量、毫不计较的美德和风度。

可见，豁达大度是一种超脱，是自我性格力量的解放，是天高云淡，一片光明；也是一种理念，一种至高的精神境界。

《论语》中记载了孔圣人有大海般胸怀的种种言行。他说自己"吾少也贱，故多能鄙事"，由于孔子年轻时家庭贫苦，所以各种低贱的事都能干。他说"生而知之者上也"，但说自己"我非生而知之者，好古，敏以求之者也"。他的这种包容万能的好学精神是无所不在的。他说："三人行，必有我师焉，择其善者而从之，择其不善者而改之。"有一次，楚国大臣叶公问他的学生子路，你的老师到底是怎样的一个人？子路一时难以说清，只好回去请教孔子，孔子便说："汝奚不曰：其为人也，发愤忘食，乐以忘忧，不知老之将至，云尔。"其意是说，你何不说：我的老师热衷于学问，有时连饭都忘了吃；如果对一件事感兴趣，就会不知厌倦，而忘掉了一切烦恼忧愁；并且从来不感到自己已渐渐老了，如此等等。孔子待人，更是具有标准的忠恕精神。他的学生说，老师温和中又有严厉，相貌威严但不猛烈，恭敬又不使人受拘束。他自己的观点是"己所不欲，勿施于人"，可以说从不主观处理任何事情。对于世人梦寐以求的富贵，他却有自己独特的观念"不义而富且贵，于我如浮云"。由此可见，孔子称之为圣人，真是受之无愧。

在为人交往过程中，人与人之间由于认识水平不同，有时造成误解经常会产生矛盾。如果我们能有较大的度量，以谅解的态度去对待别人，这样就会赢得时间，矛盾得到缓和。相反，如果度量不大，即使芝麻大的小事，相互之间也会争争吵吵，斤斤计较，最终伤害了感情，也影响了友谊。

豁达大度说起来容易，实则做起来很难。它要求人们在社交场上，必须抑制个人的私欲，不为一己之利去争、去斗，也不能为了炫耀自己而贬低他人。

偏见往往会使一方伤害另一方。如果另一方耿耿于怀，那关系就无法融洽。反之，受害的一方具有很大的度量，能从大局出发，这样就会使原先持偏见者，在感情上受到震动，导致他转变偏见，正确待人。

历览古今中外，大凡胸怀大志，目光高远的仁人志士，无不大度为怀；反之，鼠肚鸡肠、竞小争微、片言只语也耿耿于怀的人，没有一个是有大作为的。

古人常说："将军额上能跑马，宰相肚里可撑船。"佛界也有一名联："大肚能容，容天下难容之事；开口常笑，笑世间可笑之人。"这些名句、名联正是告诫人们，为人处世要豁达大度。

只要有一种看透一切的胸怀，就能做到豁达大度。把一切都看做"没什么"才能在慌乱时，从容自如；忧愁时，增添几许欢乐；艰难时，顽强拼搏；得意时，言行如常；胜利时，不醉不昏，有新的突破。只有如此放得开的人，才能算得上豁达大度的人，才能尽显气度与风范，并更好地赢得他人的尊敬。

豁达性格，简言之，就是遇事拿得起，放得下，想得开，过得去。顺其自然，不过度、不强求。把握机缘，不刻板、不慌乱。人既共处于群体之中，又孤独于群体之外。时有所得，时有所失；时而欢欣，时而哀怨。人的一生总在矛盾和是非中起伏、摇摆，直至生命终结。练就豁达，唯有宽容。化解矛盾，转危为安。当然，自己慰藉受伤害的心灵，这也并非易事。心理学讲，界定人的幸福安宁与否，豁达同样是一条标准，倘使不去修养锤炼豁达性格，一切也许会适得其反，事与愿违。人们都知道"性格决定命运"，豁达的性格，自然会让人交好运，驾驭自己的人生，记得四川青城山的山门，有一副对联："事在人为，休言万般皆是命；境由心造，退后一步自然宽。"言辞非常贴切，是对"豁达"性格的形象诠释。一个人当真练就豁达的性格时，便有了"会当凌绝顶，一览众山小"的胸怀了，运筹帷幄，把握生机，心地坦荡，顺应自然。

换个角度看事物

生活中有不少人会整日为一些鸡毛蒜皮的小事，为别人的几句闲言碎语，或为自己的不幸而长吁短叹、忧心忡忡……人生在世，总难免会遭遇不愉快，难免会遭遇挫折或不幸，如果一味沉湎于痛苦，总是哭丧着脸度过日子，生活无疑会凄凉、痛苦、无奈的多。但如果能豁达一点、洒脱一点，学会换个角度，即学会从理性的方面想一想，便可让自己本来灰暗的心境变得亮堂起来。

世界上的事情总有明暗两面，我们感觉到的究竟是明还是暗，是欢乐还是痛苦，从本质上说，并不完全取决于处境，而主要取决于性格，取决于能否从光明的角度看问题。同一件事情，从这方面看是灾难，换一个角度看未尝不是一种值得高兴的幸运。

有一次，曾担任过美国总统的罗斯福家里不幸失盗，被偷走了许多东西。一个朋友闻讯后，特意写信安慰他。罗斯福给朋友回信时是这样说的："亲爱的朋友，谢谢你来信安慰我，我现在很快乐。感谢上帝，因为第一，贼偷去的是我的东西，而没有伤害我的生命；第二，贼只偷去了我的部分东西，而不是全部；第三，最值得庆幸的是，做贼的是他，而不是我。"

这是多么乐观的一个人！如果此时一味地陷入愤怒、难过的情绪里，也只能是于事无补。换个角度看问题，无疑是一种人生智慧，也是一门幽默的生活艺术，通过自我安慰实现自娱，化愤怒为快乐，使失望变成希望。

下面是一个发生在教室里的故事：

一位老师走进教室后，默不作声地在白板上点了一个黑点。然后，他考问班上的学生："这是什么？"大家都异口同声地回答说："一个黑点。"老师故作惊讶地说："只有一个黑点吗？这么大的白板大家都没有看见？"

试想：你看到的又是什么？就我们每个人来说，每个人身上都有一些缺点，但是你看到的是哪些呢？是否只看到别人身上的"黑点"，却忽略了他拥有的一大片的白板（优点）？其实，每个人的优点都比缺点多得多。如果我们发现别人缺点的时候，不妨换一个角度想一下别人的优点。那样，便会少点责备，多些宽容！

任何事情都有两面性，有利也有弊。换个角度，便会有不一样的发现。

一个老太太有两个女儿，大女儿嫁给一个开雨伞店的，二女儿家是

六、宽容的人包容博大：做人要有容人之量

开洗衣店的。这样，老太太晴天怕大女儿家雨伞卖不出去，雨天又担心二女儿家衣服晒不干，整天忧心忡忡。后来，有人对老太太说："老太太，您真有福气，晴天二女儿家顾客盈门，雨天大女儿家生意兴隆。"老太太仔细一想，还真是！从此，每天无忧无虑，过得十分快乐。

　　的确，凡事只要换个角度，积极地从好的一面去想，便能发现真正的快乐。如果我们执意地强求一些不可能的事，那岂不是跟自己过意不去吗？那又何必呢？

　　有一个小男孩在心情不好时喜欢靠着墙倒立。他说："正着看这些人、这些事，我会心烦，所以我倒着看世界，觉得所有人、所有事都变得好笑了，我就会好过一点。"

　　烦恼时，你无法兼顾其他事物吗？当人陷入绝境中，视野自然会变得狭小，往往只拘泥于自己烦心的事情，对其他事毫不关注。一个人心情烦闷、忧愁时，更要暂时避开眼前的一切，不要钻牛角尖，应将注意力转移到别的事情上，进行角色互换，或许会有意想不到的收获。

　　"要是火柴在你的口袋里燃烧起来，那你应该高兴；要是你的妻子对你变了心，那你应该高兴，多亏她背叛的是你，而不是你的国家。"契诃夫的这段话启迪人们：即使有一千个理由哭泣，更要找出一万个理由微笑。

　　其实，人之所以不如意、不顺畅、不快活，既源于外在的社会环境，又来自内在的个人心理。人生经历的每一件事，都是一种切身体验，一种心理感受。但是，当外来的因素使个人的境遇有所改变，甚至无法通过自己的力量改变个人的生存状态时，只有运用自己的精神力量，让个人的心理感受，调适到最佳状态，而这种精神力量正是来源于豁达的性格。

　　为此，我们看问题时没必要钻牛角尖，自己跟自己过不去，如果我们尝试着去换个角度，事情可能就会完全改观。在实际中，如果我们能常怀豁达乐观的性格，随时换换看问题的姿势和角度，那么你会发现生活中的阳光是那样地充足与灿烂。

大度性格是解除疙瘩的最佳良药

智者一切求诸己，愚者一切求诸人。心胸宽广的如和煦春风，万物逢之便生；心胸狭窄如阴风朔雪，万物逢之枯零。经常擦拭自己的心窗，使它不为灰尘所蒙蔽，窗明如镜，才能眺望得更高更远。

生活中因误解或种种原因，而出现"敌手"的事情是时而有之的，有"敌手"必然会引起心情的不快，并在诸多方面形成障碍。那么，懂得如何化解，便是十分宝贵的。大度性格是解除疙瘩的最佳良药。

唐朝宰相陆贽，有职有权时，曾偏听偏信，认为太常博士李吉甫结党营私，便将其贬到明州做长史。不久，陆贽被罢相，贬到了明州附近的忠州当别驾。继任宰相明知李、陆有私怨，便玩弄权术，特意提拔李吉甫为忠州刺史，让他去当陆贽的顶头上司，意在借刀杀人，通过李吉甫之手把陆贽除掉。不想李吉甫不记旧怨，上任伊始，便主动与陆贽把酒结欢，使那位现任宰相借刀杀人之计成了泡影。对此，陆贽自然深受感动，他积极出点子，协助李吉甫把忠州治理得一天比一天好。

俗话说：多一个朋友多一条路，多一个敌人多一堵墙。

我们都知道这句话，也明白这个理。但是，一旦知道别人做了对不起自己的事，仍免不了耿耿于怀。看到这个人时，轻则如陌路相逢，视若无睹；重则似仇人相见，分外眼红。有多少人能像李吉甫那样，不计旧怨与仇人把酒结欢呢？

其实，冤冤相报，未必有什么好处：他损害我在先，我怀恨于心在后，于是便费心费神地盯着他，一心想寻个机会，以牙还牙。

但静下心来想一想，报复之后又得到了什么呢？而为一时意气之争，图片刻之快，又会失去多少本该属于自己的快乐和轻松啊！费尽心机去精谋细划，绞尽脑汁来苦苦算计，最终换来的仅仅是别人的敌视与更深的怨恨，实在划不来了。

倘若是国恨家仇，则非报不可。但在现实生活中，我们很难碰上这种人，平素与我们结怨的，多半是为利益冲突而起，或是为意气之争。为小利而结仇，可能损大利；为一时意气而结仇，可能惹大祸，都是得不偿失的事。在不违反做人原则的前提下，以德报怨不失为一种高明的处世之道：即使他与我们曾有过节，我们也应尽力做到不计前嫌；他大红大紫春风满面时，我们不妨去锦上添花；他落魄困窘、山穷水尽时，我们不妨雪中送炭，用我们真挚的热情，融化冰封的情感，脱去彼此面容上冷漠的伪装；用我们的大度与宽容，擦去恩怨的污浊，让纯洁的灵魂更加透明。

这样，我们就无需绞尽脑汁劳心伤神算计别人，也不需紧绷神经，警惕一切动静，防人算计；我们可以不再担心自己得胜之时无人喝彩，也不用害怕陷入危难之际孤立无援。这样处世岂不堂堂正正？这样做人岂不轻轻松松？

林肯当选为美国总统后，他对政敌的态度引起了一位官员的不满。这位官员批评林肯说："你为什么试图跟那些敌人做朋友？你应该想办法去打击他们，去消灭他们才对。"林肯平静而温和地说："难道我不是在消灭我的敌人吗？当他们变成我的朋友时，就没有敌人存在了。"

面对"敌人"，大多数人的看法是毫不留情地把他消灭掉，因为对敌人的仁慈，就是对自己的残忍。这话听起来很有道理。但事实并非绝对如此，正如一位哲人所说的："我们的成功，也是我们的竞争对手造成的。"所以在一定的情况下要像林肯那样，用宽容的眼光去对待"敌人",用宽容来"消灭"他。

在怎样消灭敌人这件事情上,还有一个人的做法与林肯较为相似,这个人就是拿破仑。

拿破仑对面前的任何障碍都狂怒异常,对待任何胆敢抗拒他的意志的人都严厉无情,可当他获胜时这种态度就全然改变了。他对败军极为仁慈,他真诚地怜悯他们。他经常对手下的人说:"一个将领在打了败仗那天是多么可怜!"

以下是一则拿破仑宽容敌人的故事:

有两名英军将领从凡尔登战俘营逃出,来到布伦。因为身无分文,只好在布伦停留了数日。这时布伦港对各种船只看管甚严,他们简直没有乘船逃脱的希望。

对家乡的热爱和对自由的渴望,促使这两名俘虏想了一个大胆而冒险的办法,他们用小块木板制成一只小船,准备用这只随时都可能散架的小船横渡英吉利海峡,这实际上是一次冒死的航行。当他们在海岸上看到一艘英国快艇,便迅速推出小船,竭力追赶。但他们离岸没多久,就被法军抓获。

这一消息传遍整个军营,大家都在谈论这两名英国人的非凡勇气。拿破仑获悉后,极感兴趣,命人将这两名英军将领和那只小船一起带到他面前。他对于这么大胆的计划竟用这么脆弱的工具去执行感到非常惊异,他问道:"你们真的想用这个渡海吗?""是的,陛下。如果您不信,放我们走,您将看到我们是怎么离开的。"

"我放你们走,你们是勇敢而大胆的人。无论在哪里,我见到有勇气的人就钦佩。但是你们不应用性命去冒险。你们已经获释,而且,我们还要把你们送上英国船。你们回到伦敦,要告诉别人我如何敬重勇敢的人,哪怕他们是我的敌人。"

拿破仑赏给这两个英军将领一些金币,放他们回国了。

六、宽容的人包容博大:做人要有容人之量

97

许多在场的人都被拿破仑的宽宏大量惊呆了。只有拿破仑知道，他的士兵们将从这番话中受到怎样的鼓舞，他的人民将如何赞扬他的宽容无私。他似乎已经听到了士兵们震天的呼声以及巴黎激动的口号。哲学家卡莱尔说："伟人往往是从对待别人的失败中显示其伟大的。"用豁达宽容的性格去对待你的"敌人"，这样就会表现出你的与众不同之处，也正因为你闪光的人性，使你能得到别人的信任和敌人的佩服，这样你就既赢得了他们的心，也取得了最高层次的胜利。

兵法上说，攻心为上，攻城为下。在与"敌手"的竞争中，能利用自己的大度性格征服对方的心，才是最伟大的胜利，而用大度与宽容擦去恩怨的污浊，让灵魂更加透明，乃是取得这种胜利的必要条件。

小肚鸡肠，难成大器

明代洪应明在《菜根谭》中说道："不责人小过，不发人隐私，不念人旧恶，三者可以养德，亦可以远害。"这是教人处世的重要智慧。意思就是：不要责难别人犯下的轻微过失，不要随便揭发他人生活中的隐私，更不可以对他人过去的过失或旧仇耿耿于怀，久久不肯忘掉。做到这三点，不但可以修养自己的品德，也可以避免遭受意外的灾祸。

一个人能够拥有宽容的性格，他就能容忍他人的过失，这些都需要自己有度量。所谓度量，原本是指计量长短和容积的标准，人们后来拿它喻指人的器量胸襟。

"将军额上能跑马，宰相肚里能撑船。"蔺相如位尊人上，廉颇不服，屡次挑衅，但他仍以国家利益为上，以社稷为重，处处忍让。三国时期的蒋琬，有下属在背后说他的坏话，认为他办事不行，不如前人。

有人向他告发，他也毫不介意，还说那人说得对，自己确实不如前人。何以如此，气量大也。

有的人却气量狭窄，锱铢必较，小肚鸡肠，不能容事。

《三国演义》中，诸葛亮气死周瑜、骂死王郎，这两个人怎么这么容易就死了？皆因为气量狭窄。我国汉代的才子贾谊，他的《过秦论》、《论积贮疏》名满天下，流传至今，可他却在32岁那年，因遭权贵的诽谤、排挤，"自哭自泣，至于天绝"。为什么会这样呢？气量小也。

再如宋代的欧阳修，他在朝中担任要职时，曾荐举王安石、吕公著、司马光三人当宰相，而这三个人对欧阳修可以说都很不敬。欧阳修因为欣赏王安石的才华，曾赠诗给王安石，希望他在政治、文学上能取得卓越超群的成就。而王安石却没把他放在眼里，还回赠诗："他日若能窥孟子，此身何敢望韩公。"给欧阳修吃了一个闭门羹。吕公著是前朝宰相吕夷简的儿子，他们父子二人都曾攻击过欧阳修，欧阳修贬官滁州，就有他们父子从中推波助澜。司马光与欧阳修也不睦，还当面顶撞、指责他。但是欧阳修觉得这三个人有才学，有能力胜任宰相一职，认为他们能为国家做一些事情，因此以如海之度量举荐了他们。

若没有为社稷着想、以国事为重的观念，怎能如此记"仇"？而欧阳修也以其宽广的胸怀为后人所称道。

鼠肚鸡肠、气度狭小，因一件小事就耿耿于怀的人终究成不了大气候，纵有雄心壮志，也是徒然。

得理也该宽容让人

性格狭隘的人往往是记仇心强，报复心大。尤其是与自己发生过矛盾的人，一旦在某些事上抓到了理由就揪紧不放。他们往往不懂得宽容

六、宽容的人包容博大：做人要有容人之量

99

让人的极大益处。其实，为了更好地融洽关系、立足人生，得理也该让人。因为让人能使矛盾化解，争斗平息，对手变朋友，仇人变伙伴，对个体具有极大的价值。

得理不让人，让对方走投无路，有可能激起对方"求生"的意志，而既然是"求生"，就有可能是"不择手段"，这对你将造成伤害。好比老鼠关在房间内，不让其逃出，老鼠为了求生，会咬坏你家中的器物。放它一条生路，让它逃命要紧，便不会对你的利益造成破坏。

汉代公孙弘年轻时家贫，后来成为丞相，但生活依然十分俭朴，吃饭只有一个荤菜，睡觉只盖普通棉被。就因为这样，大臣汲黯向汉武帝参了一本，批评公孙弘位列三公，有相当可观的俸禄，却只盖普通棉被，实质上是装模作样、沽名钓誉，目的是为了骗取俭朴清廉的美名。

汉武帝便问公孙弘："汲黯所说的都是事实吗？"公孙弘回答道："汲黯说得一点没错。满朝大臣中，他与我交情最好，也最了解我。今天他当着众人的面指责我，正是切中了我的要害。我位列三公而只盖棉被，生活水准和普通百姓一样，确实是故意装得清廉以沽名钓誉。如果不是汲黯忠心耿耿，陛下怎么会听到对我的这种批评呢？"汉武帝听了公孙弘的这一番话，反倒觉得他为人谦让，就更加尊重他了。

公孙弘面对汲黯的指责和汉武帝的询问，一句也不辩解，并全都承认，这是何等的一种智慧呀！汲黯指责他"使诈以沽名钓誉"，无论他如何辩解，旁观者都已先入为主地认为他也许在继续"使诈"。公孙弘深知这个指责的分量，采取了十分高明的一招，不作任何辩解，承认自己沽名钓誉。这其实表明自己至少"现在没有使诈"。由于"现在没有使诈"，指责者及旁观者都认可了，也就减轻了罪名的分量。公孙弘的高明之处，还在于对指责自己的人大加赞扬，认为他是"忠心耿耿"。这样一来，便给皇帝及同僚们这样的印象：公孙弘确实是"宰相肚里能撑船"。既然众人有了这样的心态，那么公孙弘就用不着去辩解是不是沽名钓誉了，因为自己的行为不是什么政治野心，对皇帝构不成威胁，对同僚构不成伤害，只是个人对清名的一种癖好，无伤大雅。

对方无理，自知理亏，你于"理"明显占过对方，放他一条生路，他会心存感激，来日也许还会报答你，就算不会回报于你，也不太可能再度与你为敌，这就是人性。

得理不让人，伤害了对方，有时还会连带伤害对方的家人，甚至毁了对方，这有失厚道。得理让人，也是一种人情积蓄。

人海茫茫，却常"后会有期"。你今天得理不让人，谁知他日你们二人会不会再相逢？如果到时候对方势旺你势弱，你就可能吃大亏了！"得理让人"，这也是为自己以后做人留条后路。

摒弃性格中的狭隘与偏见

孟德斯鸠说：人生而平等，根本没有高低贵贱之分。我们没有权力借后天的给予对别人颐指气使，也没有理由为后天的际遇而自怨自艾，在人之上，要视别人为人；在人之下，视自己为人。这是做人的一种基本姿态，也是为人的原则。

因此，在任何时候，我们都应该摒弃对他人的狭隘与偏见，平等地待人。

玫琳·凯是美国著名的管理专家，在她成名之前曾是一家化妆品公司的推销员。

有一次，她参加了一整天的销售练习，很渴望能和销售经理握握手，因为那位经理刚刚作了一篇十分鼓舞人们士气的演讲。玫琳整整排了3个小时的队，好不容易才轮到她和那位经理见面。但遗憾的是，那位经理根本没有拿正眼看她，只是从她的肩膀上方望过去，看看队伍还有多长，甚至根本没有察觉他要与玫琳握手。玫琳等了3个小时，就获得了这样的一个接待！她觉得人格上受到了侮辱，自尊受到了伤害。于是她立志做一个经理："如果有一天人们排队来和我握手，我将给每一个来到我面前的人全然的注意——不管我当时多么疲劳！"

后来，玫琳·凯的愿望真的成为了现实。以她自己名字命名的化妆品公司终于成为一家具有相当规模的大企业，也有很多她的慕名者来找她握手，她确实始终坚持她以前曾发过的誓言。她说："我有很多次站在长长的队伍前，与各种人士作长达数小时的握手，一旦感觉疲劳了，我总是想起自己从前排队和那位经理握手的情形，一想起他不正眼瞧我给我带来的伤害，我立即打起精神，直视握手者的眼睛，尽可能地说些比较亲近的话……"

在人之上，要视别人为人；在人之下，要视自己为人。这不仅是一个心态的问题，也是一个道德问题。其实，一个人对另一个人的态度在现实生活中的重要性是不言而喻的。

一天晚上，闲着无事的艾森豪威尔在营帐外散步。他看见一个士兵正在营帐背后黯然神伤，便走了过去，"嗨，看来我们是同病相怜啊，我的心情也特别不好，我们可以一起走走吗？"士兵看到艾森豪威尔的突然出现，原本很紧张，可万没想到这位尊敬的将军竟在他最需要朋友倾诉的时候会来邀他散步。自然他感到万分荣幸，他们的谈话也很放松。用这位士兵的话说："那天晚上他不再是指挥千军万马的将军，我也不再是默默无闻的小兵，我们是无所不谈的朋友。"正是那次谈话，使这个一向都很悲观的士兵乐观了起来，在以后的战斗中显示了出奇的英勇。

英国女王维多利亚作为英国皇权至高无上的拥有者，一向就很傲慢。

一次，在和丈夫阿尔伯特亲王发生激烈口角的时候，也流露出了居高临下的语气，伤害了亲王作为男性的尊严。为了表示不满，亲王一句话也没有说就进了自己的房间，并把门紧紧地关了起来。几分钟之后，有人来敲门了。

"谁？"亲王气呼呼道。

"我，快给英国女王开门。"维多利亚依旧傲慢地回答。

阿尔伯特一听，心里就不大受用，更别说开门了。隔了许久，敲门声再次响起，但这次温柔了许多，还听到一个声音轻轻地说道："阿尔伯特，是我，维多利亚，你的妻子。"

房门打开了，怨气全消的阿尔伯特站在门口，两个人终于重归于好。

维多利亚女王把宫廷里的那一套架势拿到两个人的世界来运用显然是错的。处于劣势地位的人们原本就很敏感，任何一点点异常的举动都会引起他们极大的注意，就像人们常说的那样，在矮个子面前别说短话，处于高位的人要照顾底下人的情绪。同时，处于卑微地位的人们更应树立起自尊自强的信念，因为很多时候，如果连你自己都看不起自己的话，又怎么能让别人看得起你呢？

松下幸之助在给他的员工培训时曾有过这样的一段论述："不怕别人看不起，就怕自己没志气。人须自重，而后为他人所重。应该让人在你的行为中看到你堂堂正正的人格。"当然，自重并不仅在于不自卑，也在于不要在行为表现中玷污甚至丧失人格。

著名的成功学者戴尔·卡耐基在谈到人际交往时也曾提道：过分自卑，缺乏自信心的人，对人际关系谨小慎微、过于敏感的人，对他人批评过分的人以及完成工作任务后过分自夸的人等，都影响与他人交往。卡耐基曾指出："指责和批评收不到丝毫效果，只会使别人加强防卫，并且想办法证明他是对的。批评也很危险，会伤害到一个人宝贵的自

六、宽容的人包容博大：做人要有容人之量

103

尊，伤害到他自己认为重要的感觉，还会激起他的怨恨。"所以，他建议不要指责别人，而要："尝试着了解他们，试着揣摩他为什么做出他做的事情。这比批评更有益处和趣味，并且可以培养同情、容忍和仁慈。"

富兰克林说他做外交官成功的秘诀是："尊重任何交往对象。我不会说任何人的缺点，我只说我认识的每一个人的优点。"

七、低调的人安身立命：
退步是为了进步

拥有低调性格的人都不以一时的进退观成败，而是以一种平和的心态化解掉内心的压力，采取以退为进的人生智慧实现人生目标。在一定条件下，窄就是宽，低就是高，退就是进。掌握了这一点，就能使得心灵及其行为达到更高层次的自由。

以退让的性格化解麻烦

社会上很多人都懂得方圆之道，懂得退让之策。他们能审时度势，藏巧于拙。这是由他们的性格决定的。这样的人一般都是具有退让型性格的人，他们在为人处世中深谙退让之策。由此，任何麻烦之事都能于掌中轻松地化解。

清河人胡常和汝南人翟方进在一起研究经书。胡常先做了官，但名誉不如翟方进好，在心里总是嫉妒翟方进的才能，和别人议论时，总是不说翟方进的好话。翟方进听说了这事，就想出了一个应付的办法。

胡常时常召集门生，讲解经书。一到这个时候，翟方进就派自己的门生到他那里去请教疑难问题，并一心一意、认认真真地做笔记。一来二去，时间长了，胡常明白了，这是翟方进在有意地推崇自己，于是心中十分不安。后来，在官僚中间，他不再去贬低而是赞扬翟方进了。

明朝正德年间，朱宸濠起兵反抗朝廷。王阳明率兵征讨，一举擒获朱宸濠，建了大功。当时受到正德皇帝宠信的江彬十分嫉妒王阳明的功绩，以为他夺走了自己大显身手的机会，于是，散布流言说："最初王阳明和朱宸濠是同党。后来听说朝廷派兵征讨，才抓住朱宸濠以自我解脱。"从而想嫁祸并抓住王阳明，作为自己的功劳。

在这种情况下，王阳明和张永商议道："如果退让一步，把擒拿朱宸濠的功劳让出去，可以避免不必要的麻烦。假如坚持下去，不做妥协，那江彬等人就要狗急跳墙，做出伤天害理的勾当。"为此，他将朱宸濠交给张永，使之重新报告皇帝：朱宸濠捉住，是总督军门的功劳。这样，江彬等人便没有话说了。

王阳明称病休养到净慈寺。张永回到朝廷，大力称颂王阳明的忠诚和让功避祸的高尚事迹。皇帝明白了事情的始末，免除了对王阳明的处罚。王阳明以退让之术，避免了飞来的横祸。

如果说翟方进凭借退让的性格转化了一个敌人，那么王阳明则依此保护了自身。

就社会生活而言，积极奋斗、努力争取、勇敢拼搏、坚持不懈的行为的价值和意义，无疑是肯定的。但面对复杂多变的形势，人们不仅需要慷慨陈词，而且需要沉默不语；既需要穷追猛打，也需要退步自守；既应该争，也应该让，如此等等。一句话，有为是必要的，无为也是必要的。

成大事者，须"退而结网"

世上让人们羡慕的事很多，不少人只停留在羡慕之上，并不靠努力去争取，结果他们终生有恨了。古人说："临渊羡鱼，不如退而结网。"就是要求人们不要空想，要真抓实干。人生是有限的，机会也是不等待人的，只有抓紧时间努力工作的人，才能真正实现自己的梦想。

三国时期的名臣诸葛亮，幼年丧父，他便带着弟弟诸葛均来到了叔父诸葛玄的门下。

诸葛亮很有志气，一次他和诸葛玄谈论了很长时间，诉说了自己的远大理想。令他感到奇怪的是，诸葛玄只是端坐而听，却没有说一句话。

诸葛亮有些难堪，他对叔父说："我说得不对吗？为什么您不肯指点我呢？"

诸葛玄说:"你年纪还小,不知道做大事的人是不会像你这样夸夸其谈的。我看你说得虽好,但读起书来并不认真,以后靠什么去实现你说的话呢?"

诸葛亮深受触动,他从此读书刻苦,再不以空谈为能了。

诸葛亮长大以后,学问日渐精深,但他从没有满足的时候。

一次,诸葛玄对他说:"你学问有成,应该有所作为。荆州牧刘表和我有交情,看在我的面子上,他一定会收留你的。"

诸葛亮说:"我的才能还只是小有所成,如果轻易出山,虽然可得一时的富贵,但终不是我的志向。"

他没有答应诸葛玄的要求,仍是钻研学问,苦读不止。

诸葛玄死后,诸葛亮隐居到隆中,亲自耕种土地,磨砺自己的意志。有人劝他不要浪费自己的才能,诸葛亮说:"现在天下大乱,没有大才的人是不能平定天下的。我不是不想出山,而是担心我的才能不够啊!"

诸葛亮日夜苦学,他的学问早超过了众人,少有人能和他相比了。后来,刘备三顾茅庐请他出山,诸葛亮于是凭着自己的卓越才能,帮助刘备建立了丰功伟业。

诸葛亮勤奋务实,苦练本领,在以后的军事生涯中才能智计无穷,建立大功。他是个实干家,他的业绩也就不是虚幻的了。

在真刀真枪的人生战场上,只有有真本领的人才有获胜的希望。人们对此不要抱有任何不切实际的幻想,行动要落到实处,大话吓人是没有市场的,否则就难以生存了。

东汉时,廉范拜博士薛汉为师,跟随他学习学业。

廉范时刻不敢偷懒,常常学习到深夜。一次,薛汉劝他不要过于辛苦,廉范说:"我天生并不聪明,如果不用勤奋弥补,那么就没有指望了。"

薛汉夸他有出息，于是把自己的学识倾心传授，没有一丝保留。

廉范学习期间，有地方官府征召他做官，廉范都以学业未成而回绝了。他对薛汉说："若只想做个小官，我现在的学识应该可以应付了，这样一来我就失去了做大事的机会，请求您让我留下。"

廉范学业大成之后，陇西太守邓融请他到官府任职。廉范知道邓融为官不法，便毅然推辞。邓融想报复他，廉范于是隐姓埋名跑到洛阳，做了一名狱卒。

后来邓融事发获罪，廉范正巧负责看管他。他对邓融悉心照料，却不肯承认自己的真实身份。

有人知道了实情，劝廉范不要干这样的傻事，说："对邓融有心就很难得了，为什么还要关照他呢？"

廉范说："我读书很多，如果明白了书中的道理而不加以实行，那么我就是白白读书了，和一般人有什么区别呢？圣贤教诲我们要仁爱对人，我现在正是学习仁爱啊。"

邓融在狱中得了重病，廉范没日没夜地在他身边侍候。又有人怕他招来非议，对他说："邓融是朝廷重犯，如果人们误会你和他是同党，你不是很危险吗？"

廉范说："仁爱本是不讲得失的，否则就不是仁爱了。我的行为若给我带来麻烦，只要不是我的错，我都可以坦然接受。"

邓融死在狱中，廉范亲自赶车把他的灵柩送回他的家乡，把他安葬了。

廉范的义举渐渐传开，赢得了天下人的敬重，百姓纷纷写信向朝廷荐举他，朝廷也多次征召他。一时之间，廉范成了天下最有名的人物，被尊为当时的圣贤。

廉范不沽名钓誉，注重身体力行，这是他成名的根基。他做事不是给别人看的，完全出于本心，人们才会真正佩服他。

有些人不干实事，总以为干了实事也得不到好的回报，这是他们爱慕虚荣的性格太旺盛了，也是他们不相信世人的缘故。有这种性格的人是自私和偏激的，他们的讲究实惠与怀疑一切，使他们丧失了做事的原始冲动和责任意识，只能被动地应付了，而这恰恰是失败的根源。成功容不得杂念和猜疑，人们一定要全心全意地对待它。

不争而争　后来居上

从表面上看，"不争"的性格似乎有悖进化规律，然后背后却有更深层的道理。"争与不争"的辩证法，透露着一个信息：不争而争、无为无不为、不争而善胜，乃是人类社会进化的公理。

所谓"不争而争"，并不是说什么也不争，而是弃其小者，争其大者；弃其近者，争其远者。所以，不争是相对的，争则是绝对的。所谓"不争"，是指小处不争，小名不争，小利不争；倘若是大处、大名、大利也许就另当别论了。

康熙十四年（1675年），清朝在全国的统治很不稳定，康熙为巩固清朝政权，安定人心，改变清朝不立储君的习惯，把他的第二个儿子胤礽立为皇太子。

作为皇太子的胤礽，为保住自己的地位，他希望康熙帝能早日归天，自己尽快登上皇帝的宝座。为此，他与正黄旗侍卫内大臣索额图结成党羽，进行了抢班夺权的种种活动。这些都被康熙帝发现，康熙下旨杀了索额图。没想到胤礽更加猖狂，不得已，康熙于康熙四十七年（1708年）九月，废除胤礽的皇太子头衔。

皇子们见太子已废，争夺皇储的斗争更加激烈。他们通过各种渠道探听康熙的意图，打发皇亲国戚到康熙面前为自己评功摆好，搞得康熙"昼夜戒慎不宁"。没有办法，康熙在废掉太子后的第二年三月又复立胤礽为皇太子，好让诸皇子死了争夺太子的野心。

在皇太子废立过程中，诸皇子们使出浑身解数，最成功的是皇四子胤禛。在诸皇子的明争暗斗中，胤禛采用的是不争而争之策。

皇太子被废之后，胤禛没像其他众皇子一样，落井下石，而是采取维持旧太子地位的态度，对胤礽表示关切，仗义直陈，努力疏通皇帝和废太子的感情。他明白康熙希望他们情同手足，不愿意看到皇子们反目成仇。

对康熙的身体，胤禛也最为关心体贴。康熙因胤礽不争气和皇子们争夺储位，一怒之下生了重病。只有胤禛和胤祉二人前来力劝康熙就医，又请求由他们来择医护理。此举也深得康熙的好感。

诸皇子中夺位最有实力的是胤禩。胤禛同胤禩也保持着某种联系，其实他心里不愿意胤禩得势，但行动上决不表现出来，表面上看若是胤禩当太子了，他既不反对也不支持，让人感觉他置身事外一般。

对其他皇子，胤禛也在康熙面前多说好话，或在需要时给予支持，康熙评价他是"为诸阿哥陈奏之事甚多"。当胤禧、胤禑、胤祹被封为贝子时，胤禛启奏道，都是亲兄弟，他们爵位低，愿意降低自己世爵，以提高他们，使兄弟们的地位相当。

在众皇子为争夺皇太子之位闹得不可开交时，胤禛却似乎悠闲于局外，没有明火执仗地参与其中，而且还替众兄弟仗义执言，这些都被康熙看在眼中，特传谕旨表彰：

在以前拘禁胤礽时，并无一人为之陈奏，惟四阿哥性量过人，深知大义，屡在朕前为胤礽保奏，似此居心行事，真是伟人。

胤禛在这场诸皇子争夺皇太子之争中，不显山、不露水，以不争之争的斗争策略取得了成功。一方面胤禛赢得了康熙的信任，抬高了自己

七、低调的人安身立命：退步是为了进步

111

的地位，密切了和康熙的私人感情。康熙一高兴，把离畅春园很近的园苑赐给了胤禛，这就是后世享有盛名的圆明园，康熙秋猎热河，建避暑山庄，将其近侧的狮子园也赏给胤禛。

另一方面，胤禛使其他皇子们认为自己实力不够，对他不以为意，不集中力量对付他，使他有机会发展自己的势力。

结果，康熙在病重之际，把权力交给了胤禛，胤禛后来居上，脱颖而出，成为雍正皇帝。

"争"，需要对手；而"不争"，是想别人没想过的问题，做别人没做过的事情。"善胜敌者，不争。"不争最终是为了更好地去争，不是和对手争，而是和自己争，和自己争就是要战胜自我。这样做的天之道，在于以"不争"泯绝那些形名之争，而得潜在的大势态，"故天下莫能与之争"。

明智者当明察自己的不足

诚实地看待自己，是一种健康的性格。

古代西方有则流传很广的故事：

德尔斐传"神谕"的女祭司告诉苏格拉底的朋友说，苏格拉底才是人间最聪明的人。苏格拉底感到自己并不聪明，于是去证实这个"神谕"。他到处去找有知识的人谈话，其中有政治家、诗人、工匠等。结果证明这些人并没有知识，因而发现"那个神谕是不能驳倒的"，于是，他反身自问，自己的聪明究竟表现在哪里？他觉得自己其实很无知，因而推论到"自知自己无知"正是聪明之所在。

无独有偶。古代东方的老子也言："知不知上，不知知病。"意思是，自知自己不知才是最上等、最聪明的人。看来，自知自己无知才是真聪明，相反，自认为自己博学多知甚至能智胜天下者，倒可能是真糊涂。

有一个故事也许能让我们有所感触：

有一个人对自己坎坷的命运实在不堪重负，于是祈求上帝改变自己的命运。上帝对他承诺："如果你在世间找到一位对自己命运心满意足的人，你的厄运即可结束。"于是此人开始了寻找的历程。一天，他来到皇宫，询问高贵的天子是否对自己的命运满意，天子叹息道："我虽贵为国君，却日日寝食不安，时刻担心自己的王位能否长久，忧虑国家能否长治久安，还不如一个快活的流浪汉！"这人又去询问在阳光下晒着太阳的流浪人，是否对自己的命运满意，流浪人哈哈大笑："你在开玩笑吧？我一天到晚食不果腹，怎么可能对自己的命运满意呢？"就这样，他走遍了世界的每个地方，被访问之人说到自己的命运竟无一不摇头叹息，口出怨言。这人终有所悟，不再抱怨生活。说也奇怪，从此他的命运竟一帆风顺起来。

迄今为止，我们还未曾见到过一位内心平和、生活愉悦的绝对完美主义者。而且，今后可能也不会遇上。人们对事物一味理想化的要求导致了内心的苛刻与紧张，所以，完美主义与内心平和相互矛盾，两者不可能融入同一个人的人格。事物总是循着自身的规律发展，即便不够理想，它也不会单纯因为人的主观意志而改变。如果有谁试图使既定事物按照自己的要求发展变化而不顾客观条件，那么他一开始就已经注定失败了。

神话中，渔夫那贪婪的妻子，终于未能逃脱依旧贫穷的命运便是证明。现实中，我们许多人都过得不是很开心、很惬意，因为他们对环境总存有这样那样的不满，他们没有看到自己幸福的一面。也许你会说："我并非不满，我只是指出还存在的问题而已。"其实，当你认定别人的过错时,你的潜意识已经让你感到不满了,你的内心已不再平静了。

一床凌乱的毯子,车身上一道划伤的痕迹,一次不理想的成绩,数公斤略显肥胖的脂肪……种种事情都能令人烦恼,不管是否与你有关,你甚至不能容忍他人的某些生活习惯。如此,你的心思完全专注于外物了,你失去了自我存在的精神生活,你不知不觉地迷失了生活应该坚持的方向,苛刻掩住了你宽厚仁爱的本性。

没有人会满足于本可改善的不理想现状。所以,你应该努力寻找一个更好的方法:你要用行动去改善事物,而不是"望洋"空悲叹,一味表示不满。同时你应认识到:我们总能采取另一种方式把每一件事都做得更好,但这并不是说已经做了的事情就毫无可取之处,我们一样可以享受既定事物成功的一面。有句广告词不是说"没有最好,只有更好"吗?所以,不要苛求完美,它根本不存在。

如果你有过于要求完美的性格,就赶快治疗——这可是容不得耽误的疾病啊!当你又要认为情况应该比现在更好时,就请把握住自己,礼貌地提醒自己现实中的生活其实很好。当你放弃自己苛刻的眼光时,一切事物都变得美好起来了。不要刻意追求完美,你会感觉到生活充满明媚的阳光。

达观权变,进退适宜

人类社会是在竞争中前进的,就像赛跑一样,人人争先都想得第一名,可是老子的思想与众不同,他郑重其事地宣布"不敢为天下先"。人在社会上要表现柔弱,不要争强好胜。"圣人之道,为而不争"。

柔弱不争是一种性格,它只是一种方式而不是目的,通过这种方式达到"胜刚强"、"天下莫能与之争"的目的。老子较早地发现了世上有许多对立统一的东西，如"有无相生，难易相成，长短相形，高下相倾，音声相和，前后相随"，以及美与丑、善与恶、贵与贱、柔与刚等等。通过朴实的直觉观察，老子看到人活着的时候，身体是柔软的，死了的时候就变僵硬了；草木生长的时候是柔嫩的，死了就变干枯了——所以坚硬的东西属于死亡的一类，柔弱的东西属于生存的一类，"天下之至柔，驰骋天下之至坚"，"柔弱胜刚强"。老子把对自然现象的观察理论化、系统化，并将其引申为一种处世的性格和方法。

水在老子看来是世上最柔的东西了，但它无坚不摧，所以老子对它十分推崇："上善若水。水善利万物而不争，……夫唯不争故无尤。"

老子确是一位真正的智者。一般人的思维是聚敛式的，只看到事物的表面、正面，而老子的思维是发散式的，能看到事物的里面、反面。"不敢为天下先"既是保身避害的处世方式，更是克敌制胜的法宝。尤其在身处逆境、困境、险境，势单力孤的时候，更需要隐忍谦卑、静待其变、迂回转进。历史上众多斗智斗勇、以弱胜强的事例，都能证明它的真理性。至今民众中流传的"枪打出头鸟"、"人怕出名猪怕壮"、"让人不为低"、"以退为进"、"欲擒故纵"等俗语，都与老子"柔弱不争"的思想一脉相承。

能忍自安，不争为上，一般最简单的解释就是用强去争，可能对方比你还强，你用强人亦用强，结果就不那么妙了。这样的解释并非没有道理，但却有庸俗化之嫌。不如说，忍不单是缓和矛盾，也能化解矛盾，而争只有在极端的情况下才能解决矛盾，而在多数情况下只能是激化矛盾。在很多事情上，隐忍一些，退让一步，不但自己过得去，别人也过得去了，产生矛盾的基础不复存在，矛盾自然就化解了。彼此能够相安，离祸端就远了。

中国有句格言："忍一时风平浪静，退一步海阔天空。"不少人将

七、低调的人安身立命：退步是为了进步

它抄下来贴在墙上，奉为处世的座右铭。这句话与当今商品经济下的竞争观念似乎不大合拍，事实上，"争"与"让"并非总是不相容，反倒经常互补。在生意场上也好，在外交场合也好，在个人之间、集团之间，也不是一个劲"争"到底，忍让、妥协、牺牲有时也很必要。而在个人修养和处世之道上，忍让则不仅是一种美好的德性，而且也是一种宝贵的智慧。

即使在市场竞争的条件下，隐忍退让仍然能够提供成功有效的经营策略。比如商人常说的"有钱大家赚"，就是忍让的一种表现。经营行为本来是以追求利润最大化为原则的，可是你斩尽杀绝，不肯让利，就不会有合作伙伴。极端地说，根本也就不会有商品经济。因为全叫你垄断了，还有什么市场竞争呢？可见市场竞争是以忍让为前提的。

当今社会，科技越来越发达，物质越来越丰裕，可是人们对生活不但不能感到满意，精神失落感和空漠感反而越来越严重。在这种情况下，老子哲学及其"三宝"，对芸芸众生或许是效果不错的清凉剂。

一味退缩、忍让，大概会很让人感到窝火、憋气，"忍耐是有限度的"，总有"忍无可忍"、"让无可让"的时候。也许你会责怪我们："为什么单单教我这样去做'缩头乌龟'？"请不要着急上火，"乌龟"在遇到危险的时候，其实并非只知道"缩头"，仔细分析起来，乌龟是很有智慧的呢！你看，当对方气势汹汹逼将过来的时候，它并不是急于"生死相搏"，而是利用自己坚硬的外壳，筑起一道牢不可破的防线，消磨对方的斗志，消耗对方的实力，然后它会恰到好处地伸出头来，看准对方的要害之处，狠命地咬上一口！这蓄势而发的一口，这雪耻报仇的一口，即使不能将对手置于死地，至少也能扭转局势，取得胜利。

中国古代是很崇拜灵龟这种动物的，像什么"神龟长寿"、"灵龟兆吉"，这都是褒赏之词。近年来颇流行的一部外国动画片，其主人公不也是什么"忍者神龟"吗？

神龟，灵龟，之所以神，之所以灵，要旨就在于"以守为攻"四个字。而这，恰恰也是"糊涂"性格的应敌之策！

撒手悬崖，全身而退

急流勇退，也是哲人欣赏的一种性格，古人把这种勇退称为"撒手悬崖"。

清代名臣曾国藩可谓深知官场沉浮的人，他在家信中一再地告诫家人"大富大贵，亦靠不住，惟勤俭二字可以持久"，"不居大位享大名，或可免于大祸大谤"，"家中新居富宅，一切须存此意，莫作代代做官之想，须作代代做士民之想……余自揣精力日衰，不能多阅文牍，而意中所欲看文书又不肯全行割弃，是以决计不为疆吏，不居要任，两三月内，必再专疏恳辞"，但曾国藩的辞职没有获得清政府的允准。

对于名利权势，不同的人由于性格不同，态度也不一样。有的人很明智，知道权势不一定能够给人带来幸福，所以不去争权夺势，而是忍耐住自己对权力的渴望，在事业成功时全身而退。

西汉张良，字子孺，号子房，年轻时候在下邳游历，在破桥上遇到黄石公，替他穿鞋，因而从黄石公那儿得到一本书，是《太公兵法》。后来追随汉高祖，平定天下后，汉高祖封他为留侯。张良说道："凭一张利嘴成为皇帝的军师，并且被封了万户子民，位居列侯之中，这是平民百姓最大的荣耀，在我张良是很满足了。愿意放弃人世间的纠纷，跟随赤松子去云游。"司马迁评价他说："张良这个人通达事理，把功名等同于身外之物，不看重荣华富贵。"

张良的祖先是韩国人，伯父和父亲曾是韩国宰相。韩国被秦灭后，

117

张良力图复国，曾说服项梁立韩王成。后来韩王成被项羽所杀，张良复国无望，重归刘邦。楚汉战争中，张良多次计出良谋，使刘邦险中转胜。鸿门宴中，张良以过人的智慧，保护了刘邦安全脱离险境。刘邦采纳张良不分封割地的主张，阻止了再次分裂天下。与项羽和约划分楚河汉界后，刘邦意欲进入关中休整军队，张良劝阻，认为应不失时机地对项羽发动攻击。最后与韩信等在垓下全歼项羽楚军，打下汉室江山。

公元前201年，刘邦江山坐定，册封功臣。萧何安邦定国，功高盖世，列侯中所享封邑最多。其次是张良，封给张良齐地三万户，张良不受，推辞说："当初我在下邳起兵，同皇上在留县会合，这是上天有意把我交给您使用。皇上对我的计策能够采纳，我感到十分荣幸，我希望封留县就够了，不敢接受齐地三万户。"张良选择的留县，最多不过万户，而且还没有齐地富饶。

张良回到封地留县后，潜心读书，搜集整理了大量的军事著作，为当时的军事发展，作出了重要的贡献。

不过历史上也不乏因居功自傲或不甘寂寞招来杀身之祸的名将、名臣。例如韩信，为刘邦打下了江山，感到了自己地位的动摇，却进一步挟兵自恃，要求封假王。刘邦说：大丈夫要封就封真王！果真给他封了王。辅助越国复兴的大夫文种，不肯听范蠡对他的劝告，接受了勾践政府的职位，结果被"可与共患难不可同甘福"的勾践赐以利剑饮恨自杀。所以事有可为则为之、不可为则退之。像越国的范蠡，三徙其地，始终保持自己自由人的生涯；唐朝的李泌，以隐士出，对肃宗说，安史之乱平定后，我只要枕着陛下的腿睡一觉即足。为此他坚拒皇帝的提亲，不成家立室，也坚拒皇帝的任命，不作正式的命官，以后果然功成身退，是为朝野上下第一受人钦敬的奇人。

低调作为一种性格，它不仅仅可以宽解人于一生终结之事，也可以宽解人于一事终结之时。古人云："谢事当谢于正盛之时，人肯当下休，便当下了。若要寻个歇处，则婚嫁虽完，事亦不少；僧道虽好，心亦不了。"真可谓真知灼见！

固执的人不会明白事理，狂妄的人不会通达情理

子贡是孔子门中的恃才自傲者。他学识渊博，反应敏捷，口才出众，自以为是个全才，也非常希望像宓子贱那样，让孔子肯定为君子。孔子知道子贡有辩才又能尊师，认为子贡以后必成大器。但是他又看到子贡善辩而骄、多智少恕，只能称得上是一块瑚琏。瑚琏是宗庙的一种用来盛粮食的贵重华美的祭器。孔子借此比喻子贡还没有达到高级别的"器"，还需要继续加强修养。

恃才自傲的性格通常表现为妄自尊大、自命不凡、肆无忌惮、目中无人。只要有机会标榜自己，就会抓住不放地大吹大擂、口出狂言，常会给人一种趾高气扬、傲慢无礼的感觉，仿佛周围人都是一些鼠目寸光、酒囊饭袋之辈，全不把他们放在眼下。这也是人们常说的"狂妄"。

狂妄与骄傲不同。骄傲通常是对自己的长处自吹自擂，自高自大。尽管骄傲也有夸大的虚假成分，即夸大自己的长处，把自己说得花好桃好，但绝不会夸大到肆无忌惮、恣意妄为的程度，也绝不会达到口出狂言、放肆无礼的程度；而狂妄则是骄傲的极端，完全是目中无人，得意时忘形，不得意时照样忘形。

祢衡是东汉末年的一位名士，很有才华，但他也很狂妄。当时，曹操为了扩大自己的实力，急欲招募一些有才能的人为自己效力。求贤若渴的曹操听说祢衡有才，就想将他招为自己的属下。可祢衡却看不起曹

操,不仅不肯来,还说了许多不敬的话。曹操知道后虽然十分生气,但因爱惜他的才华,就没有杀他。曹操听说祢衡会击鼓,便强令他到自己的麾下做一名鼓吏。

有一天,曹操大宴宾客,就让祢衡击鼓,并特意为他准备了一套青衣小帽。当祢衡穿着一身布衣来到席间时,从官大声呵斥:"你既是鼓吏,为什么不换衣服?"

祢衡马上就明白了这是曹操在整自己,于是不慌不忙地脱了外衣,又脱下内衣,最后就当着满堂宾客,一丝不挂地裸身而立,然后才慢慢地换上曹操为他准备的鼓吏装束,击了一通《渔阳三弄》。曹操再三容忍,始终没有发作。

曹操并没有死心,又一次备下盛宴,要召见祢衡,并准备好好款待他。可狂傲的祢衡并不领情,还手执木杖,站在营门外大骂。看到这样的情况,曹操的从官都要求曹操杀了他,曹操这一次也很生气,但为了自己的名声,只得说:"我要杀祢衡,就像踩死一只蚂蚁那么容易,只是因为这个人有点虚名,我如果杀了他,天下之人定会以为我不能容他。不如把他送给刘表,看刘表怎么处置他吧!"

刘表当时正做荆州的太守,他很明白曹操的意图,就是想借他的手除掉祢衡。他也不愿落个杀才士的恶名,不得已,只好将祢衡送给了江夏太守黄祖。

黄祖可不像曹操、刘表那样有心计,他的脾气很暴躁,也不图那种爱才的美名,碰到像祢衡这样的狂妄之人,自然是水火不容。

一次,黄祖在一艘大船上宴请宾客,祢衡出言不逊,黄祖呵斥他,祢衡竟然盯着黄祖的脸说:"你整天绷着一张老脸,就像一具行尸走肉,你为什么不让我说话呢?"

黄祖可没曹操那样的雅量,一气之下,便将他斩首了。这就是祢衡狂妄的最终下场。

如祢衡一般狂妄的人，在历史上有很多。三国时期的杨修，是有名的聪明人，但最终落得让曹操"喝刀斧手推出斩之，将首级号令于辕门外"的悲惨结局，究其原因，乃是"为人恃才放旷，数犯曹操之忌"，可以说是"聪明反被聪明误"，空负聪明而无智慧；韩信是一个军事天才，也是一个不折不扣的聪明人，但他对为臣之道很不精通，缺少政治智慧，恃才放旷，最后落得功成身死。

有些错误是在无知中产生的，还有些错误是由骄傲自大引发的，被胜利冲昏了头脑，评判事物的标尺就会失衡。所以，即便是取得了一定成就的人，也不应该自鸣得意和沾沾自喜。

不论是属于意外的幸运，还是经过长期奋斗终于取得了成功，心中充满巨大的快乐，以至一时间欣喜若狂都是可以理解的。因为人生中还有什么比成功更值得高兴的事情呢。但是，如果一个人因一次成功，从此就一直这么欣喜若狂自以为高人一等，到处显耀自夸，总是表现出一种优胜者的得意忘形和骄傲自满，人们虽然不至于说他是疯子，大概也绝不会敬佩他，而只会讨厌他。

如果自鸣得意者只是一种优胜者良好的自我感觉，而且能以此感觉而不停顿地勇敢向前进击，这当然是一种美好的心理状态，在这种心理状态下，他可以不断地取得新的成功。但是一般来说，不谦虚的人很难把自己的感觉控制在这个境界。恰恰相反，他只是自以为很了不起，而不知道天外有天，人外有人。

在现实生活中，就不乏"狂妄"者：他对工作和学习都不怎么踏实，工作和学习的成绩当然也就比不过那些努力踏实的人。但他就是不肯承认自己的错误和缺点，总认为别人花在工作和学习上的时间多，所以成绩比自己好，对别人取得好成绩非但不服气，反而硬要"狂妄"地认为自己就是比别人强。这种"狂妄"，是完全不正视自己的缺点和错误的"狂妄"，是完全不理智也不现实的"狂妄"，其实质就是"极

端盲目的自高自大"。这种"狂妄"无论对我们的"狂妄"工作还是学习,都不会有任何好处。在现实生活中,这种"狂妄"者还确实不少,"狂妄"不但给"狂妄"者自身造成巨大危害,同时也给"狂妄"者周围的人群和团体乃至社会和人民造成巨大危害。这种"狂妄"之危害如此,肯定是要不得的,在我们的灵魂深处不应该有它的位置。

欲成大事,则遇事多思考,全面分析问题,不可自恃聪明,不可轻视每一个对手,不可错过每一个细节,不可放过每一个机会。

面向未来才能实现对自我的超越。那位学识渊博的浮士德所大声宣称的"我永远不能满足自己",就是一句不断否定自我,不断超越自我的誓言。海德格尔的超越理论对我们也有一定的启迪价值。他在竭力张扬"亲在",即"人生在世","在世界之中"的前提下,对自我的必然被超越、自我如何被超越做出了深刻的思辨,概括了超越的三条途径——实际上是超越的三个方面,即超越世界、超越他人、超越现实。

如果我们能够把自我放在这样一个不断被拷问、不断被超越的境地,我们就会迎来"一个比一个更美丽动人的自我",使我们的生命总是呈现为一种全新的状态。这样,一切自鸣得意、骄傲自满和高人一等的性格就会烟消云散,最后不得不在谦逊中找回自己的坐标。

八、谦虚的人不断进步：
外圆内方，坚持自己的底线

"方"，方方正正，有棱有角，指一个人做人有自己的主张和原则，不被人所左右。"圆"，圆滑世故，融通老成，指一个人做人讲究技巧，既不超人前也不落人后，或者该前则前，该后则后，能够认清时务，使自己进退自如，游刃有余。如果一个人过于方正，有棱有角，必将碰得头破血流；如果说一个人八面玲珑，圆滑透顶，总是想让他人吃亏，自己占便宜，也必将众叛亲离。因此，做人必须方外有圆，圆外有方，外圆内方。

外圆内方

拥有外圆内方的性格的人,有忍的精神,有让的胸怀,有貌似糊涂的智慧,有形如疯傻的清醒,有脸上挂着笑的哭,有表面看是错的对……

"方"是做人之本,是堂堂正正做人的脊梁。人仅仅依靠"方"是不够的,还需要有"圆"的包裹,无论是在商界、官场,还是交友、爱情、谋职等,都需要掌握"方圆"的技巧,这样才能无往不利。

"圆"是处世之道,是妥当处世的锦囊。现实生活中,有的人在学校成绩是一流的,进入社会却成了打工的;在学校成绩是二流的,进入社会却当了老板。为什么呢?有时就是因为成绩一流的同学过分专心于专业知识,忽略了做人的"圆";而成绩二流甚至三流的同学却在与人交往中掌握了处世的原则。正如卡耐基所说:"一个人的成功只有15%是依靠专业技术,而85%却要依靠人际关系、有效说话等软科学本领。"

真正的"方圆"之人是大智慧与大容忍的结合体,有勇猛斗士的武力,有沉静蕴慧的平和。真正的"方圆"之人能对大喜悦与大悲哀泰然不惊。真正的"方圆"之人,行动时干练、迅速,不为感情所左右;退避时,能审时度势,全身而退,而且能抓住最佳机会东山再起。真正的"方圆"之人,没有失败,只有沉默,是面对挫折与逆境积蓄力量的沉默。

在强大的对手高压下,面临危机时,采取藏巧于拙、装糊涂,扮作"诚实"的样子,往往可以避灾逃祸,转危为安。面临险境或遇到突发事件时，装傻卖呆，这比临危不惧和视死如归的壮烈要安全得多。留得青山在，不怕没柴烧，用拙诚与对手周旋，确实不失为一种高明之术。

我们常常在报纸上见到穷凶恶极的罪犯窜入老百姓的家里，杀人越货、绑架无辜或逼人做人质的时候，被害人是怎样委曲求全，先以圆滑诚恳的语言赢得罪犯的信任，而伺机在罪犯不在意或误认为在他的胁迫下真的与其合作时，出其不意地逃脱报案或径直击败罪犯。这其实是外圆内方的最好诠释。试想，假如面对凶狠的罪犯，暴跳如雷，罪犯不先砍掉你的脑袋才怪呢。只有把"方"先用圆掩盖起来，包藏起来装出很诚实的样子，利用拙笨的诚实稳住对方，充分地运用对方的怜悯之心，使对方不加害自己，才会为以后施展擒拿罪犯的计谋，赢得时间和条件。

这种外圆内方的办法，在历史上就已有之。

《三国演义》中有一段"曹操煮酒论英雄"的事情。当时刘备落难投靠曹操，曹操很真诚地接待了刘备。刘备住在许都，在衣带诏签名后，也防曹操谋害，就在后园种菜，亲自浇灌，以此迷惑曹操，放松对自己的注意。一日，曹操约刘备入府饮酒，谈起以龙状人，议起谁为世之英雄。刘备点遍袁术、袁绍、刘表、孙策、张绣、张鲁，均被曹操一一贬低。曹操指出英雄的标准——"胸怀大志，腹有良谋，有包藏宇宙之机，吞吐天地之志。"刘备问"谁人当之"，曹操说："天下英雄唯使君与我。"刘备本以韬晦之计栖身许都，被曹操点破是英雄后，竟吓得把匙箸丢落在地下，恰好当时大雨将至，雷声大作。曹操问刘备，为什么把筷子弄掉了？刘备从容俯拾匙箸，并说："一震之威，乃至于此。"曹操说："雷乃天地阴阳击搏之声，何为惊怕？"刘备说："我从小害怕雷声，一听见雷声只恨无处躲藏。"自此曹操认为刘备胸无大志，必不能成气候，也就未把他放在心上，刘备才巧妙地将自己的慌乱掩饰过去。从而也避免了一场劫难。刘备在煮酒论英雄的对答中是很聪明的，

八、谦虚的人不断进步：外圆内方，坚持自己的底线

125

他用的就是方圆之术,在曹操的哈哈大笑之中,才免去了曹操对他的怀疑和嫉妒,从而最后才能如愿以偿地逃脱虎狼之地。

对于一些有经验的成功人士来说,更是如此,因为他们知道自己的权力再大,毕竟还是有限的,它不可能使所有的人都听命于自己。当自己的管理目标受到权力条件的限制,一时难以完全实现时,他就必须运用计谋、审时度势、权衡利弊,首先制服自己权力够得着的对象,暂时稳住还远离自己、鞭长莫及的对象。这在军事学上,叫远交近攻;在处世学上,叫外圆内方;在用人权术上,则是指采用不正当的手段,对"权力影响圈"外的下属装出和蔼可亲,体贴关怀的样子,但对"权力影响圈"内的下属,却严加管制,令人生畏。

总之,人生在世只要运用"方圆"的性格,必能无往不胜,所向披靡;无论是趋进,还是退止,都能泰然自若,不为世人的眼光和评论所左右。

平静地对待被别人冷落的日子

尽管每个人都尝到过被人冷落的滋味,但人们面对"冷落"所采取的态度却不尽相同。有的人遇"冷"不冷,逢"落"不落,仍然表现出了一种泰然处之、豁达坦荡的超然境界,其结果不仅使自己渡过难关,走向"热烈",而且逆境成才,留下了更加辉煌的人生篇章。有的人却不尽然,面对"冷落",便变得消沉起来,一蹶不振,最终使自己陷入自我封闭、孤独寂寞的困境而难以自拔。之所以会产生这样的结果,是因为每个人都具有不同的性格。

怎样才能走出被人冷落的误区呢?

接受冷落，面对被人冷落的现象，您应当首先承认它的存在，允许它的发生。这是因为，人生本来就是一个万花筒，红橙黄绿蓝靛紫，喜怒哀乐，酸甜苦辣，温凉冷热，可谓应有尽有，五彩缤纷。

实际上，每一个生活在社会中的人，或多或少，或轻或重，都会遇到"冷落"，不管你是自觉的还是不自觉的，情愿的还是不情愿的，谁也休想与它绝缘。"冷落"作为一种客观存在的社会现象，您无论如何也不应当采取回避的态度。

由此，面对冷落，您应当采取承认的态度，就是说要有接受冷落的心理准备。当然，承认冷落的存在，并非是承认它存在的合理性，而是承认它存在的客观性。承认了此种矛盾存在的客观性，也就承认了解决此种矛盾方法的必然性。唯其如此，您才会直面冷落，既不回避，也不惧怕。

要敢于表现。人们在受到冷落后，通常在生活上感到失意，在心理上产生退却。对于一个强者来说，愈是受到冷落的重压，愈是应当富有自我表现的阳刚之气。这样的勇气，不仅可以吹散来自外界对自己冷落的风云，也最易于拨开自己被人冷落所带来的心头迷雾。

比如，举办卡拉OK比赛，你敢不敢直步登上台去，高歌一曲；周末舞会，你敢不敢跃入舞池，投入地一次跳个够；演讲会上，你敢不敢面对众人，字正腔圆，慷慨激昂去陈词一番；运动场上，尽管你体育技能平平，但还是要去奋力地拼搏一番，即使一时上不了场，当个观众也无妨，你敢领头儿尝一尝拉拉队长的滋味吗……无论是胜败输赢，你都会从中感到过剩能量得到释放的一种轻松和欢娱。人生有"冷"也有"热"。要通过自我的表现去发现生活中的欢歌笑语，同时要去主动地排"冷"取"热"，甚至化"冷"为"热"。

当然，在自我表现的过程中，你还应当切忌自我标榜，故弄玄虚。这样做，不仅难以排除外界的冷落，还会由此带来更多的冷落。自我表

八、谦虚的人不断进步：外圆内方，坚持自己的底线

127

现，不仅应当有勇气，更重要的是要提高自己的素质，增强自己的实力。有了真才实学再加上自己的勇气，那你就会在生活的舞台上表现得潇洒自如，发挥得淋漓尽致。此时，你面前的冷落，便会一扫而光，迎来的将是张张的笑脸，满园春色。

平息抱怨，大凡经历过冷落的人，大都有这样的感觉，抱怨冷落的结果只会在客观上助长受冷落压力的程度。与其过多地自我抱怨，倒不如从主观认识上找原因，以新的姿态重新扬起风帆，战胜冷落。

你不妨自己提出这样的疑问：为什么别人没有受到冷落，却偏偏冷落了自己；为什么此时无冷落，彼处遇冷落。想来想去，你便会觉得，原来别人对自己的冷落也与自己有关联。如果受到来自顶头上司的冷落，你或许会想到他的偏见、不公正等，但同时是否还应该想到，你的工作态度差、表现得不好，才是上司之所以冷落你的真正原因；如果受到同事的冷落，你或许会想到他的性格孤僻、心胸窄小、无端嫉妒等，但是否还应该想一想，是你的傲慢、无礼、清高，才使他人对你进行冷落有了可能的条件；如果受到妻子的冷落，你或许会想到，妻子不温顺、不贤惠、不会料理家务、不会热情待客等，但是否还应想到，你的大丈夫习气，动辄吹胡子瞪眼睛的德性，难道妻子还不该冷你几次！与其抱怨他人，倒不如利用这个间隙来反省一下自己，这岂不是一件很好的事情！

学会丧失，冷落，会使你隐隐感到自己心灵上的某种丧失。这并不可怕，问题的关键在于你能否正确地对待丧失，能否科学地把握丧失，能否学会从丧失中奋起。

丧失即失去。在朱迪丝·维尔斯特的力作《必要的丧失》中，她指出，丧失是不可避免的。我们从脱离母体直到死亡，在这整个成长过程之中，丧失始终伴随着我们。它是"一种终生的人类状况"。理解人生的核心就是理解我们该怎样对待丧失。"丧失是我们为生活付出的代价"，但如果我们学会了放弃完美的友谊、婚姻、孩子和家庭生活的理想幻想，放弃对绝对庇护和绝对安全的幻想，那么我们将在这种放弃——必要的丧失中苏醒。朱迪丝还告诉我们，丧失是成长的开始，追求完美与恐惧丧失则是幼稚的，我们人生的路途是由丧失铺筑而成的。

有的人往往把复杂的社会、复杂的人生理想化了，他们接受收获通常比接受丧失更容易做到。实际上，只要你稍加留心，便会从生活中经常发现这样的画面：他是我的好朋友，同时又是别人的好朋友；上司对我十分器重，同时对另一个人也很器重。想到此，或许你就会认识到，放弃各种各样不切实际的期待，对于消除冷落的困惑，是多么的重要！

冷落虽然使你暂时少了一些来自外界的热情，少了很多朋友，但往往能进一步激发你对热情的珍视，对朋友的偏爱。此时此刻，你将会用自己的热情去温暖对方那颗冷落的心，你将不会再用消极的眼光去对待朋友一时的偏颇。

生活中往往有这样的现象：有些才能出众的人，正是由于受不了世俗冷落的偏见，从此之后甘愿"随波逐流"，也不肯再"出头"、"冒尖"了；也有一些较为愚钝的朋友，由于被人瞧不起以至受到某些人的鄙视，结果产生了"破罐子破摔"的念头。冷落是一种腐蚀剂，在冷落面前不要失去自信。"自信人生二百年，会当击水三千里。"这是何等博大的胸怀，何等硕大的气魄。数风流人物，大凡事竟成者，无不是自信人生的典范。殊不知，他们在成功的道路上，何止只受到冷落的骚扰！

一对好朋友，耳鬓厮磨多少年，突然在某一日反目成仇，从此形同陌路。你或许会产生"雅士如林，知音日少"的失落感。其实大可不必。生活是多色彩、多层面的，不必事事都有个所以然，必要的超脱也是一种生活的润滑剂。面对冷落，没有必要自我封闭，压抑自我，煎熬自我。寸傺说得好：生活就是面对现实微笑，就是超越障碍注视将来。

八、谦虚的人不断进步：外圆内方，坚持自己的底线

129

在生活中，每个人都会遭遇冷落，但更多的还是拥有热情。你应当不断地去寻觅生活中的热情。人人都希望把热情带进自己的生活，让生活变得更富有色彩，更富有诗意，这本身就是拥有热情的表现。如果你只会发现冷落，而不勇于去开拓和追逐热情，那么，在你的眼里就会只有苦涩、忧伤和痛苦。

主动感化。有的人在处理人与人之间的关系上，总是你对我好，我就对你好；你看不上我，我也不买你的账。这至少是一种不够大度的姿态。当然，人与人之间的交流是双向的，但一个成熟的人，恐怕会想得更多，想得更细，甚至会做一些必要的让步与牺牲。

面对冷落你的人，早上初见面时，可不可以主动上前去问候一声：早上好；周末之余，节假日里，你可不可以主动邀请对方去参加一个舞会，或者就近做一次简单的短途旅行；当对方搬迁新居时，你可不可以主动去当个帮手，等等。假如你能这样去想、去做，是完全有可能改变对方态度的。精诚所至，金石为开。看上去似乎你显得"矮"了一些，但在他人的心目中，你是高尚的、伟大的，值得信赖的。人与人之间的交往本来就是这样：你想得到他人的尊重，自己先要尊重他人；你想得到他人的热情，自己先要热情待人；你想得到他人的理解，自己要先理解他人。只有这样，你才会最终减少他人的冷落。

可以平凡，不能平庸

机遇对每个人都是平等的，就看你是否去寻找，在平凡的事情中做出不平凡的成绩来。一切不平凡的业绩都出于平凡，把每件平凡的事情都做得很好，就是不平凡。这就是人与人之间性格上的差异所导致的。

埋下头去做一个平凡的人，努力从平凡的小事做起。只有牢牢地把握住了今天，才能迎来明天的成就。生命可以没有灿烂，但不能失去的是平凡。假如没有自己的头脑和判断，没有自己的计划和目标，逃避我们应该负起的责任，那么我们终将沦入平庸。

的确，人本身就平凡，而真正不平凡的是他们高尚的道德认知与行为表现！他们的平凡就表现在虽然没有做出什么惊天地泣鬼神的轰轰烈烈的大事，却能以脚踏实地的干事作风，朴实善良的心灵来面对自己的职业，面对自己的责任，面对自己的人生！

平凡和平庸的区别之处在于：平凡的人把平凡的工作做成伟大，平庸的人使崇高的工作变得卑下。

"神舟六号"飞船的胜利升空，实现了中国人千百年来的飞天梦想。费俊龙、聂海胜两位航天员的太空探索，更是将中国人的希冀永恒地刻在了奥妙的太空，他们是当之无愧的英雄，无数的鲜花和掌声送给了他们。

当人们把关注的目光投向两位英雄的时候，并没有忽略在英雄背后默默奉献的人，那些平凡的、在自己的工作岗位上默默耕耘的人。可以说，没有他们的工作就没有"神六"飞天的成功！在英雄的背后，直接参与载人航天工程研制工作的单位有110多个，配合参与这项工程的单位则多达3000多个，涉及到数十万科研工作者。

"神六"在太空旅行的日子里，在全国的指挥中心、发射基地和各个测控站里，有近10万人彻夜不眠，为其护航。

"神六"发射那天，运载"神六"到发射基地的铁路沿线上至少有数百名警卫战士时刻守护。在发射前，这些战士将这条铁路的每1毫米都探测过。他们每人平均步行7200公里，相当于从海南的天涯海角走到黑龙江的漠河，再走到天安门！

他们没有因自己的工作平凡而放弃，不因没有出人头地的机会而抱怨。正是这些平凡的人托起了"神六"的飞天，10万个平凡加在一起就成了伟大！

有一个小故事，对每一个人都会有所启示：

1872年，有一位医科大学毕业的应届生，他在为自己的将来而烦恼：像自己这样学医学专业的人，一年有好几千，残酷的择业竞争，我该如何是好？

争取到一个好的医院就像千军万马过独木桥，难上加难。这个年轻人没有如愿地被当时著名的医院录用，他到了一家效益不怎么好的医院。可这没有阻止他成为一位著名的医生，还创立了世界驰名的约翰·霍普金斯医学院。

他就是威廉·奥斯拉。他在被牛津大学聘为医学教授时说："其实我很平凡，但我总是脚踏实地在干。从一个小医生开始我就把医学当成了我毕生的事业。"

影响一个人成功的因素是什么呢？是这个人的学历还是这个人的工作经验？实际上是人对工作的态度。

无论你目前正从事什么事业，都要将它视为你毕生的事业来对待。不要以为"事业"都是伟大的、让人津津乐道的壮举。正确地认识自己平凡的工作就是成就辉煌的开始，也是你成为出色人士最起码的要求。

假如将一个人比喻为一台发动机的话，那么你的智商、天赋及知识只是这台发动机的额定功率，是你可以达到的功率，但能不能实际发挥出这个功率，你的输出功率有多大，却取决于你的热忱、你的投入度、你的行动力。只有焕发出你全部的热忱，全身心地投入，你才有可能将你所具备的额定功率全部转化为有效的输出功率，甚至激发出你无限的潜能，使输出功率超越你的额定功率。

全身心地投入到工作，视平凡的工作为毕生的事业，充分焕发热情，你就会感受人生充满热忱时的喜悦，由此你也会享受到人生中梦想成真的快乐。

做人要机智灵活

当今社会是一个激烈竞争的社会，竞争者为了跻身到竞争前列，无不使出浑身解数，激烈的角逐和竞争，使社会变化异常地快。生活在这样一个变化多端的社会，需要人们具有最灵活的性格，审时度势，纵观全局，及时做出可行、有效的决策。

种子落在土里长成树苗后最好不要轻易移动，一动就很难成活。而人就不同了，人有脑子，遇到了问题可以灵活地处理，用这个方法不成就换另一个方法，总有一个方法是对的。做人要学会变通，不能太死板，要具体问题具体分析，前面已经是悬崖了，难道你还要跳下去吗？不要被经验束缚了头脑，要冲出习惯性思维的樊笼，执著很重要，但盲目的执著是不可取的。

在各种经营活动中，机智是一笔大资产。

一位著名的商人把机智列为自己成功的第一要素，他认为自己成功的另外三个条件是热忱、商业常识和衣饰整洁。

由于人们缺乏机智、不能随机应变而造成的错误与损失，不知道有多少。许多人因为缺少机智而糟蹋了自己的才能，或是运用自己的才能时不得其法。还有很多种情况，由于缺乏机智，以致伤害了朋友的感情；由于缺乏机智，商家失去了他们的顾客；由于缺乏机智，律师减少了他们的业务；由于缺乏机智，作家得不到读者的支持；由于缺乏机智，牧师引不起信徒的注意；由于缺乏机智，教师失去了学生的信赖；

八、谦虚的人不断进步：外圆内方，坚持自己的底线

133

也是由于缺乏机智，政治家失去了民众的拥护。

美国威克教授曾做过一个有趣的实验：

把一些蜜蜂和苍蝇同时放进一只平放的玻璃瓶里，使瓶底对着光亮处，瓶口对着暗处。结果，那些蜜蜂拼命地朝着光亮处挣扎，最终气力衰竭而死，而乱窜的苍蝇竟都溜出细口瓶颈逃生。这一实验告诉我们：在充满不确定性的环境中，有时我们需要的不是朝着既定方向的执著努力，而是在随机应变中寻找求生的路；不是对规则的遵循，而是对规则的突破。我们不能否认执著对人生的推动作用，但也应看到，在一个经常变化的世界里，灵活机动的行动比有序的衰亡好得多。

只知道执著的蜜蜂走向了死亡，知道变通的苍蝇却生存了下来。执著与变通是两种人的性格，不能单纯地说哪个好哪个坏。单纯的执著和单纯的变通，二者都是不完美的。只有二者相辅相成才能取得最后的成功，我们要学会执著与变通二者兼顾。

随机应变，灵活变通是一种智慧，这种智慧让人受益匪浅。

一个人即使才高八斗，假如他缺少足够的机智，不能随机应变、权衡利弊，不能在恰当的时候说恰当的话、做恰当的事，那么他就不能最有效率地表现自己的才干。

受过高等教育的人，或者在专业方面具有高深造诣的人，往往由于缺乏机智，事业一无进展。一个人假如有了机智，再加上坚毅努力的精神，便可以使事业有大的进展。

"一个有机智的人，不但能利用他所知道的东西，并能善于利用他所不知道的东西，他还能用巧妙的方法来掩饰他无知愚拙的方面，这样的人通常更易得到他人的信赖与钦佩。"

一般人之所以缺乏机智，一则是由于他们不识时务，二则是由于思想不敏锐。

有一个人从乡下朋友家做客回家后，给招待他的朋友写了一封信，对他的热情款待表示感谢。在信中，他说在府上被蚊虫叮咬时甚感痛苦，而回到自己舒适的卧室深觉愉快。这个人本想表示感激之意，但在无意中写成了一封不客气的信，毫无疑问，这是由于他机智不足。

机智的人善于交际，能迎合他人的心理。这种人初次与人会面，就能找出对方感兴趣的话题，并将其提出来作为谈话的资料。他们不会过多谈论关于自己的事情，因为他们深知，对方最感兴趣的莫过于他们自身的事情和希望。而不机智的人就不是这样，他们只喜欢谈及自己感兴趣的事情，常常不顾及他人的感受。于是，这样的人便常为朋友们所不喜欢。

机智的人即便对于不感兴趣的事，也不会轻易在表面上显露。而那些有怪癖的人，往往最容易得罪他人。这种人假若加入一个团体，也一定不为大众所欢迎，不是受到冷遇，便是自讨没趣。

要说种种优良品质，机智可能算得上是最紧要的之一。机智的人，对于一切事情都能随机应变、处置得当，这样的人才能利用适当的机会，发挥自身的潜能。

在处理问题时，我们总是习惯性地按照常规思维去思考，假若我们能够学会灵活变通，那么你会发现"柳暗花明又一村"。

不仅思考问题要这样，在工作上也应该这样。与人相处时特别要注意灵活变通。有的人为什么能成功？其中一个重要因素就是灵活变通，所谓灵活变通与弹性处理，跟滑头性格与做事没有原则是不相同的。因时制宜，在某种特殊特定环境之内，配合需求，设计出最好的可行方案，这就是所谓弹性处理。分明已经改了道，此路不通，还偏偏要照旧时那个法子把车开过去，这不是坚持原则，而是蛮干。

那么，怎样培养机智呢？一个作家曾经巧妙地写道：

"对于人类的天生性情，比如恐惧、弱点、希望及种种倾向，都要表示同情。"

八、谦虚的人不断进步：外圆内方，坚持自己的底线

"对于任何事情，都要设身处地地思考。在考虑事情的时候，要顾虑到他人的利益。"

"表示反对意见的时候，不应该伤害到他人。"

"对于事情的好坏，要有迅速的辨别力。必要之时，做必要的让步。"

"切勿固执己见，你要记住，你的意见只是千万种意见中的一种。"

"要有真挚仁慈的性格，这种性格，能够化敌为友。"

"无论怎样难堪的事，要乐意承受。"

"最重要的，便是有温和、快乐和诚恳的性格。"

在变化面前无法入门的人，自己也难以享受新生活带来的乐趣，因此，我们要有积极向上的精神和灵活多变的性格。

相信自己：你并不比别人卑微

我们几乎随处都能见到这样的人，他们一生都做着简单而平常的事，他们似乎也因此就满足了，实际上他们完全有能力做一些更高级的事，但他们不相信自己能胜任。

很多人没有足够的进取心来开创伟大的事业，因为他们的期望值很低，因此，不可能从一点一滴做起开创一项伟大的事业。生活目标的狭隘限制了他们确立宏大的进取心。

米开朗基罗在写给拉斐尔工作室中的一副精巧塑像下的一句话便是"做一个更了不起的人"。

正是雄心壮志使得美丽的人生有了可靠的基石，它督促我们去完成目标，帮助我们抵抗那些足以毁灭我们前途的诱惑。

假如人类没有创造世界和改进自身条件的雄心壮志，世界将会处在多么混沌的状态啊！

与为了实现雄心壮志而进行的持续努力相比，没有什么东西可以如此地坚定我们的意志。它引导我们的思想进入了更高的境界，把更加美好的事物带进了我们的生命。

歌德说："人的一生中最重要的就是要树立远大的目标，并且以足够的才能和坚强的忍耐力来实现它。"

有什么比追寻生命价值更高尚的理想呢？在雄心壮志的激励下，失败几乎是不可能的。在不同的文明下，人们的理想也不同。一个人或一个国家的理想与其现实条件和未来发展潜力是相关的。

在人的一生当中，总会遇到各种困难与挫折，在这种情况下，要勇敢地对自己说声"我能行"！

每个人都渴望得到成功，但是在成功路上总会充满荆棘，假若你放弃，那么，你永远不会成功。只有不断地坚持，告诉自己我能行，那么你一定有一天会得到成功。

卡耐基说过："要想成功，必须具备的条件是：欲望以提升自己，毅力以磨平高山，以及相信自己一定会成功。"永远地相信自己，这不是说说那么简单的。假若你真的能做到了，那么你离成功已经不远了。

假如你的动力足够大，那么与之匹配的能力也将随之而至。假如你面前有一项十分有吸引力的奖品在激励着你，那么，你一定可以变得更加敏捷，更具有创见，更加细致而勤奋，更加机智而思虑周全，而且会有更加稳健清晰的头脑，你也一定会获得更好的判断和预见力。

"无论你拥有怎样的雄心壮志，都请你集中精力为之努力，而不要左顾右盼，意志不坚。"不要给自己留退路，一心一意为了理想而奋斗，只有集中精力才能获得自己想要的成功。

每个人都有巨大的潜能，只是有的人潜能已苏醒了，有的人潜能却

八、谦虚的人不断进步：外圆内方，坚持自己的底线

还在沉睡。任何成功者都不会是天生的，成功的根本原因是开发出无穷无尽的潜能。只要你抱着积极的心态去开发你的潜能，你就会有用不完的能量，你的能力就会越用越强，你离成功也就会越来越近。相反，如果你抱着消极的心态，不去开发自己的潜能，任它沉睡，那你就只能感叹自己命运的"不公"了。

曾经一个人在高山之巅的鹰巢里捉到了一只幼鹰，他把幼鹰带回家，养在鸡笼里。这只幼鹰和鸡一起啄食、嬉闹和休息。它以为自己也是一只鸡，这只鹰渐渐长大，羽翼丰满了，主人想把它训练成猎鹰，但是，因终日与鸡混在一起，它已变得和鸡完全一样，根本没有飞的本能了。主人试了各种办法，都毫无效果，最后把它带到山顶上，一把将它扔了下去，这只鹰，像一块石头似的，直掉下去，慌乱之中它拼命地扑打着翅膀，就这样，它终于飞了起来！

或许你会说："我已经懂你的意思了。但是，它本来就是鹰，不是鸡，它才能够飞翔。而我，也许本来就是一个平凡的人，因此，我从来没有期望过自己能做出什么了不起的事来。"这正是问题的所在——你从来没有期望过自己做出什么了不起的事来！这是事实，那就是我们只把自己钉在自我期望的范围内。

其实，开启成功之门的钥匙，就是必须由你自己亲自来锻炼的过程，就是释放你的潜能、唤醒你的潜能的过程。

爱迪生曾经说过："如果我们做出所有我们能做的事情，我们毫无疑问地会使自己大吃一惊。"

无论遇到什么样的困难或危机，只要你认为你行，你就能够处理和解决这些困难或危机。对你的能力抱着肯定的想法，就能发挥出积极的力量，并且由此产生有效的行动，直至引导你走向成功。

自我发掘的决心，自我依靠的习惯，可以让你变得越来越强大。拐杖是为跛足者准备的，而不是为强壮的年轻人所准备的，无论是谁，假如企图依靠精神上的拐杖走过人生，他一定不会走得很远，他也绝不会成为一个伟大的成功者。

成功殿堂的大门，不是任意通行的，每一个进入者都拥有自己精心打造的钥匙。开启成功之门的钥匙，必须由你自己亲自来锻造。锻造的过程，就是释放你的潜能、挖掘你的潜能的过程。假如你见了生人就害羞；假如你惧怕新的陌生环境；假如你经常觉得担忧、焦虑和神经过敏；假如你有类似的面部抽搐、不必要的眨眼、颤抖、难以入眠等"紧张症状"；假如你畏缩不前、甘居下游，那么，你对自己个性的压抑太严重了，你对事情过于谨慎和"考虑"得太多，限制了你的潜能的释放。

"压抑个性"是对个人潜能的一种压抑，具有"压抑个性"的个人不能表现内在的创造性自我，因而显得停滞、退缩、禁锢、束缚，拒绝表现自己、害怕成为自己，把真正的自我紧锁于内心深处，思维也几乎陷于停顿。这样潜能不但没有释放，反而消耗在终日疲惫不堪的状态中。

要相信自己，自己并不卑微，勇于向他人证明自己的能力。

世界上有且只有一个人能够左右你的成败，这个人就是你自己。只有你自己，才能真正支持你迈向成功之路。

既要拿得起，还须放得下

歌德说："一个人不能永远做一个英雄或胜者，但一个人能够永远做一个人。"这里，"做一个英雄或胜者"，指的便是"拿得起"时的状态；而"做一个人"，便是"放得下"时的状态。一个人若是能活出这

八、谦虚的人不断进步：外圆内方，坚持自己的底线

139

种状态，便可谓一个潇洒的人。

放下是一种美丽，学会放弃是一种智慧，人生路上，只要你懂得追求，学会放下，明了拿与放的关系，尤其是在面临人生转折的关键时刻举重若轻，拿得起，放得下，那么你将会拥有美丽幸福的人生。

传统价值观告诉我们，任何时候都不要放弃，坚持就是胜利。这没错，但有个前提，那就是我们所坚持的值得我们坚持，而不是什么事情都得坚持。

该坚持的要坚持，该放弃的要放弃。人生就是一场选择，选择的对与错会决定你的人生成败。很多时候我们要学会重新选择，尽管目前在做的事对我们来说也很重要，但我们仍然要放弃，放弃也是一种选择。

坚持就是胜利。这似乎已成为亘古不变的至理名言。没错，但坚持就是胜利的前提是，你所坚持的方向是正确的，你所走的道路是适合你的，否则，不但不会胜利，反而会离目标越来越远。

有一位青年无意间发现了一份能将清水变汽油的广告。

这位青年喜欢搞研究，满脑子里都是稀奇古怪的想法，他渴望有一天成为举世瞩目的发明家，全世界的人都享用他的发明创造。

因此，当他看到水变汽油的广告时，马上买来了资料，把自己关在屋子里，不接待串门的客人，电话线掐断，总之一切与外界的联系都被他切断了。他需要绝对的安静，需要绝对的专心，直到这项伟大的发明成功。

青年夜以继日地搞研究，达到了废寝忘食的程度。每次吃饭时，都是母亲从门缝里把饭塞进来，他不准母亲进来打扰他。他经常两顿饭合成一顿吃，大部分时间都把黑夜当作黎明。善良的母亲看见自己的儿子越来越瘦，终于忍不住了，趁儿子上厕所时，溜进他的卧室，看了他的研究资料。母亲还以为儿子的研究有多伟大，原来是研究水如何变成汽油，这简直是不可能的事。

母亲不想眼睁睁地看着儿子陷入荒唐的泥淖无法自拔，于是劝儿子说："你要做的事情根本不符合自然规律，别再瞎忙了。"可这位青年压根就不听，他头一昂，回答说："只要坚持下去，我相信总会成功的。"

五年过去了，十年过去了，二十年过去了……转眼间，那位青年已白发苍苍，父母死了，他没有工作，只能靠政府的救济勉强度日。可是他的内心却很充实，屡败屡战，屡战屡败。

一天，多年不见的好友来看他，无意间看到了他的研究计划，惊愕地说："原来是你！几十年前，我因为无聊贴了一份水变汽油的假广告。之后有人向我邮购所谓的资料，原来那个人就是你！"

青年听完这一番话，立刻疯了，最后住进了精神病院。

因为有太多坚持到底的故事，所以我们一直以为坚持就是好的，而放弃就是消极的思想。其实坚持代表一种顽强的毅力，它就像不断给汽车提供前进动力的发动机。但是，在前进的同时还需要一定的技巧，有时假如方向不对，则只会越走越远，这时，只有先放弃，等找准方向再重新努力才是明智之举。

坚持需要勇气，然而，放弃需要更大的勇气，当我们发现自己走错路时，就应该果断地放弃。可是很多人往往没有这种勇气，他们会说，已经走到这一步了，已经无法回头了，已经没有选择了，只能够这样走下去了；或者说，是老天爷要自己这样做的，这是命中注定的。什么"无法回头"，什么"命中注定"，其实都是为自己缺乏勇气直面现实而找的借口，是害怕自己的放弃不但改变不了困境，反而会陷入更大的困境。有这样的担忧是可以理解的，但你更要明白，你已经在困境里面了，假如你不出来你就永远在困境里面，而一旦你迈出了第一步，你就会多一个选择，这总比只有一个选择要好吧。说到底，还是观念问题，是因为没有从习惯性思维当中摆脱出来。

八、谦虚的人不断进步：外圆内方，坚持自己的底线

141

其实，每天发生在我们生活中的许多悲剧，往往就是由无法放下自己手中已拥有的"东西"所酿成的：有些人不能放下金钱，有些人不能放下爱情，有些人不能放下名利，有些人则是不能放下不应该执著的执著。

然而，假如你能够领悟"放下"的道理，你将会有一种如释重负的感觉。因为只有懂得放下，才能掌握当下。更何况，人生在世，假如不能把一些不是很必要的东西放下，你的"人生行囊"将很快就没有空间去搁置你真正需要的东西。

一个人拿得起是一种勇气，放得下是一种度量。对于人生道路上的鲜花与掌声，有处世经验的人大都能等闲视之，屡经风雨的人更有自知之明。但对于坎坷与泥泞，能以平常心视之，就非易事。大的挫折与大的灾难，能不为之所动，能坦然承受，这就是一种度量。佛家以大肚能容天下之事为乐事，这便是一种极高的境界。既来之，则安之，这是一种超脱，但这种超脱又需要多年磨炼才能养成。拿得起，实为可贵；放得下，才是做人的真谛。

有些自以为聪明的人往往会暗自庆幸自己拿了多少。其实，他们才是最糊涂的，拿得越多，说明放不下的也越多，那么，背负的也就越多，活的也就越累。

真心喜欢自己

假如说把世界上的芸芸众生，硬分成两种人，你会怎样给他们分类呢？

其实，不论你用什么方法分类，世界上都不止两种人。不过，假如硬要分成两种人，那世界上真的就只有两种人了，那就是喜欢自己的人和不喜欢自己的人。

根据这个标准分类，恐怕有一大堆人要挤在不喜欢自己的那一边，只有很少数的人能够开心地举手说："我喜欢自己。"

不喜欢自己的人，总有一箩筐的理由：我太矮、我有青春痘、我不擅长交际、我的学问不好、我家境清寒、我父母不体面……

而喜欢自己的人，却不一定说得出多么冠冕堂皇的理由。他们喜欢自己，并不盲目，他们不相信自己是十全十美，反而清楚地认识到自己和其他人一样，具有很多缺点。只不过，他们愿意接受自己的一切，一切的优点和缺点，不企图掩饰，不刻意改变；当然，更不会痴妄地羡慕他人。

喜欢自己，是快乐的起点。

人，天生不平等，有美丑胖瘦、高矮贫富，但是也有公平的一面，所有的好条件与所有的坏条件，都不会同时集中在一个人的身上。仔细思索，美丽的人或许太懒惰，以致一事无成；而能干的人可能过于操劳，损害了身体；富有的人纵情声色，未必能保有美满的家庭；有学问的人自律严谨，说不定也会失去发财的机会。这样想来，人人都有所得，却也不自觉地失去了什么。

最快乐的人，是了然于人生的不完美，却又能在这不完美中，珍惜自己所拥有的一切。

"求全"本是人性的通病，拥有一份好工作，还希望能够赚取更多的钱财；拥有理想的婚姻，又盼望事业飞黄腾达；一旦做了富翁，又恨不得在报章杂志频频露脸，出尽风头；更有人，事业、财富、婚姻、爱情等等，所有的好东西都想全掌握在自己的手中。

殊不知十全十美本来不是自然界的规律，月亮圆了会缺，春花开罢即谢，春去冬来四时运转不息，不曾为任何一个美好的时刻所羁绊。

八、谦虚的人不断进步：外圆内方，坚持自己的底线

人生也难求绝对的圆满，际遇有时顺有时逆，财富来时有如巨浪涌到，去时又如退潮的海滩，爱情、婚姻、事业既难样样美好，更难时时顺心。

生活在这样坎坷的命运里，难怪有很多人要怨天尤人，落入愤懑不平的行列中，对自己所拥有的一切百般挑剔，整天笼罩在不快乐的阴影之下。

只有喜欢自己的人才知道，快乐的秘密不在于获得更多，而在于珍惜既有。能深刻检点自己所拥有的幸福，就会明白，其实人人都蒙恩宠，享有莫大的福气。

没有人能确切明白自己是不是真的受人欢迎，可是每一个人都可以扪心自问：我是不是喜欢自己？

心理学家凯特发现，要让他人喜欢真正的你，就应该培养喜欢自己的特质。或许你会感到十分惊讶，因为一般人认为可以吸引人的美貌、魅力、人际关系等等，并不是你需要具备的特质。

这个世界上有很多人生来既不美丽，又不富有，可是却能受到朋友的喜爱，最重要的道理是：他们真心喜欢自己。

假如你能接纳心理学家凯特的建议，或许你也能轻易成为一个喜爱自己的人。

学习一个人独处的方法，不论一个人的年龄是大是小，能否面对孤独，正是对个人成熟度的最佳考验。成熟的人拥有独立的自我，不需要时时刻刻依赖他人，即使在孤独时，也能够坚强地妥善处理，流露出成熟的自信。而这种成熟与稳定的个性，正是一个人接纳自己、相信自己的象征。

必须将每个人当成不同的个体，我们往往在还没有清楚地认识一个人之前，就主观地先下结论：这个人一定很顽固，这个人恐怕不好相处，这个人说不定很挑剔……这些先入为主的印象，往往阻碍了我们去认清人们的本来面目。

因此,抛开成见,学习去看清他人真实的一面,可以为我们自己赢得更多可贵的朋友。

挖掘快乐之源,快乐要自己找,它不会从天上自动掉下来。生活中有很多让人快乐的事物,你都可以去发掘。学习一种外国语、和朋友分享新的思想、去运动、参加有意义的社团、抽空去度假,这些快乐的途径,所费不多,却需要你运用智慧去享受。只会坐着抱怨生活枯燥,没有积极为自己创造快乐,那么很快你就会变成一个令人讨厌的人了。

不要讽刺他人。冷嘲热讽,不仅不能证明自己的聪明,反而暴露了自己是一个气度狭窄、自大又无能的人。

贬低他人不等于抬高自己,真正受人尊敬的人,懂得认识每一个人的价值,不会轻易毁坏他人的名誉,而这种自重重人的性格,更是对自己有信心的表现。

对你很重要的事,即使他人不合作,你也要坚持到底,轻易妥协、随便放弃理想的人,或许表面看来处处都很和气,可是这种丝毫没有个性的人,往往不能得到人们由衷的佩服与喜爱。自认为值得争取的事,一定全力以赴,这样才能肯定自我的价值,进而喜欢自己的所作所为。

应努力增强感情的力量,冷淡自持,固然可以保护自己,可是与人交往,能用真心投入,产生同喜同悲的感受,这才是真正深厚的感情。不要怕流露感情,相反地,要更努力培养正确的方法,来表达自己内心深处的感情。

学习如何给朋友支援,自私自利的人,很难感受到人情的温暖。只有肯付出友情,肯帮助他人,乐于与人分享喜悦也分担忧愁,才能体会到人生的美好。

使用原则来观察自己的人生,你是宇宙的唯一,有你自己的人生原则。你不需要模仿他人,也不必要扭曲自己。李四的帽子戴在张三头

八、谦虚的人不断进步:外圆内方,坚持自己的底线

上，未必合适，你的人生也只有遵循你独特的原则，才会活得快乐，活得好看。

喜欢自己，其实很简单。你无需换上漂亮的衣服，变副讨人喜欢的面孔，说些迎合他人的言语，只要你静下心来，学习看重他人，看重自己，培养成熟独立的个性，你就向"喜欢自己"这个目标，迈进了一大步。

谁是这个世界上最重要的人呢？

答案当然是：你自己。

你在忙着想赢得整体世界的肯定之前，别忘记先讨好最重要的一个人——学会喜欢自己，接纳你自己吧。

九、诚信的人受人爱戴：
赢得友谊与影响他人

　　虽然在物欲横流的今天，诚信在人们的眼中淡化了，然而我们仍然生活在这个地球上，我们人类在工作中仍然需要相互交流，不断交往，因此，诚信在现代社会还是很重要的，是无以替代的。假如每个人都带着虚假的面具，假如人与人之间都在编造谎言，彼此互相猜疑，彼此不信任，那么世界肯定会暗无天日，我们也会感到无所适从，不知道如何与人交往，不知道什么是我们立身成事的工作。要切记，恪守自己的诺言。诚信是我们必不可少的准则，它应该而且必须在现代这个经济社会中起到至关重要的作用。

善待别人就是善待自己

很多时候，善待别人，其实就是善待自己。严以律己，善待他人，可以减少许多麻烦。善于为别人着想，就要理解他人，以宽大的胸怀经受来自于各方面大大小小的压力，把自己和别人的利益冲突看得淡一些。心存高远目标，才不会为小事动摇，更不会花太多的精力去和别人计较。要明白在漫长的人生历程中，要具有忍耐和宽容精神，善于用自身的高贵品行去感化对方。宽容的基础是对人的信任和爱，相信别人有求善的愿望，要有团结和谐为重的博大胸怀，要能以德报怨，不念旧恶，昨天的敌人在明天就有可能成为朋友。

生活就像山谷回声，你付出什么，就得到什么；耕种什么，就收获什么。帮助别人就是强大自己，帮助别人也就是帮助自己，为自己铺开后路。其实，在很多情况下，帮人并不意味着自己吃亏。

一对待人极好的夫妇不幸下岗了，不过在朋友、亲属以及街坊邻居们的帮助下，他们在小城新兴的一个服装市场里开起了一家火锅店。

刚刚开张的火锅店生意冷清，全靠朋友和街坊照顾才得以维持。但不出三个月，夫妇俩便以待人热忱、收费公道而赢得了大批的"回头客"，火锅店的生意也一天一天地好起来。

几乎每到吃饭的时间，小城里行乞的七八个大小乞丐，都会成群结队地到他们的火锅店来行乞。

夫妇俩总是以宽容平和的性格对待这些乞丐，从不呵斥辱骂。其他店主则对这些乞丐连撵带轰，一副讨厌至极的表情，而这夫妇俩每次都会笑呵呵地给这些肮脏邋遢、令人厌恶的乞丐盛满热饭热菜。最让人感动的是夫妇俩施舍给乞丐们的饭菜，都是从厨房里盛来的新鲜饭菜，并不是那些顾客用过的残汤剩饭。他们给乞丐盛饭时，表情和神态十分自然，丝毫没有做作之态，就像他们所做的这一切原本就是分内的事情一样。

日子就这样一天一天地过着。一天深夜，服装市场里突然燃起了大火。这一天，恰巧丈夫去外地进货，店里只留下女主人照看。一无力气二无帮手的女店主，眼看辛苦张罗起来的火锅店就要被熊熊大火吞没，着急万分之时，只见那班平常天天上门乞讨的乞丐，不知从哪里钻了出来，在老乞丐的率领下，冒着生命危险将那一个个笨重的液化气罐马不停蹄地搬运到了安全地段。紧接着，他们又冲进马上要被大火包围的店内，将那些易燃物品全都搬了出来。消防车很快开来了，由于抢救及时，火锅店虽然也遭受了一点小小的损失，但最终保住了，而周围的那些店铺，却因为得不到及时的救助，货物早已烧得精光。

夫妻俩对乞丐们无私的帮助得到了他们最真诚的回报。

世界著名的精神医学家亚弗烈德·阿德勒曾经发表过一篇令人惊奇的研究报告。他常对那些孤独者和忧郁病患者说："只要你按照我这个处方去做，14天内你的孤独忧郁症一定可以痊愈。这个处方是——每天都想一想，怎样才能使别人幸福？"

手心向下是助人，手心向上是求人。助人快乐，求人痛苦。何不在解决别人的痛苦中，体会助人的快乐。

一个大雨滂沱的夜晚，社会学者埃维拉不小心陷进了沼泽地。野地里四处无人，埃维拉焦急万分，身子已经陷到了脖子，如果不能离开这里，就必然会被沼泽吞噬。这时，一个骑马的中年男子路过此地，二话没说就用绳子将埃维拉拽了出来，把他带到了一个小镇上。当埃维拉拿出钱对这个陌生人表示感谢时，中年男人说："我不要求回报，只要你给我一个承诺：当别人有困难的时候，你也尽力去帮助他。"在后来的

九、诚信的人受人爱戴：赢得友谊与影响他人

日子里,埃维拉帮助了许许多多的人,并且将那位中年男子对他的要求告诉了他所帮助的每一个人。数年后,埃维拉被一次骤发的洪水围困在一个小岛上,一位少年帮助了他。当他要感谢少年时,少年竟说出了那句埃维拉永远也不会忘记的话:"我不要求回报,但你要给我一个承诺……"埃维拉的心里顿时涌上了一股暖流。

正所谓"送人玫瑰,手有余香"。生活中,我们不仅要感激别人给予我们的快乐和关爱,举手之劳也要给人以快乐和关爱,让他人在你我的些许关爱中不再孤独落泪,让生活因你我多一点的关爱而少一点不和谐,让社会在你我的爱心传递中多一些温情,让我们也享受着我们的给予。

寻求个人利益和他人利益的契合点,这样可以有效地避免个人利益与公众利益的冲突,可以使自己与多数人站在一个立场上。像杜甫虽然自家茅屋为秋风所破,但他念念不忘的却是"安得广厦千万间,大庇天下寒士俱欢颜"。这是何等的胸怀,何等的气魄!心中有他人,他人也就接纳了你。给别人一些关爱,纵使是一些微不足道的话,对那些忧郁、无助的心灵都会是一缕明媚的阳光,或许其荒芜的心田从此就衍生出一片勃勃绿意。我为人人,其实是一种风骨和一种品位。

有位医生赶着去给一位儿童进行抢救,行至半路,竟发现路前方有一条深沟,他无法过去,于是他求助于路旁的一台推土机的司机。司机答应了,他为医生填好了深沟。医生一路飞奔,终于孩子得救了。在回去的路上,他感激地向那位司机道谢:"谢谢你,是你救了孩子一命。"不料,司机却说道:"我根本不知道那是我的孩子"。故事的结局出人意料,但却告诉我们,付出也是一种美,帮助别人也等于帮助自己。

由此可见,宽厚待人,树立我为人人、人人为我的观念,在人际交往时往往能化干戈为玉帛,使原本激化的矛盾平息乃至朝着好的方向发展。美好的事物都是由美好的德行引发的。

在漫漫的人生路上，你如果觉得自己孤寂，或者觉得道路艰险，那你就照阿德勒的话去做，每天都想一想，怎样才能使别人幸福？这样你定会逢凶化吉，因祸得福，幸福就会飞到你的身边，使你远离痛苦与烦恼。

在凡尘俗世里，让我们永怀乐善之心，恒伸友爱之手，让我们永葆一颗纯洁美好的心灵。

真正的友情是无价的

我们每个人都需要关爱，生活上也少不了关爱，别人给予我们关爱，那我们更应该去关心、爱护别人，这样世界上才会充满爱！

朋友不在多，而在于有真正的知己。

郭老师高烧不退，经透视发现胸部有一个拳头大小的阴影，医生怀疑是恶性肿瘤。

同事们纷纷去医院探视。回来的人说："有一个女的，叫王端，特地从唐山赶到北京来看郭老师，不知是郭老师的什么人。"又有人说："那个叫王端的可真够意思，一天到晚守在郭老师的病床前，喂水喂药端便盆，看样子跟郭老师可不是一般关系呀。"就这样，去医院探视的人几乎每天都能带来一些关于王端的花絮，不是说她头碰头地给郭老师试体温，就是说她背着人默默流泪，更有人讲了一件令人不可思议的事，说郭老师和王端一人拿着一根筷子敲饭盒玩儿，王端敲几下，郭老师就敲几下，敲着敲着，两个人就神经兮兮地又哭又笑。心细的人还发现，对于王端和郭老师之间所发生的一切，郭老师的爱人居然没有表现出一丝一毫的醋意。于是，就有人毫不掩饰地艳羡起郭老师的"齐人之福"来。

十几天后，郭老师的病得到了确诊，肿瘤的说法被排除。不久，郭老师就乐呵呵地回来上班了，于是有人问起了王端的事。

郭老师说："王端是我以前的邻居。大地震的时候，王端被埋在了废墟下面，大块的楼板在上面层层地压着，王端在下面哭。邻居们找来木棒铁棍撬那楼板，可怎么也撬不动，就说等着用吊车吊吧。她父母的尸体就在她的身边。王端在下面由于害怕，哭得嗓子都哑了。天黑了，人们纷纷谣传大地要塌陷，于是就都抢着去占铁轨，只有我没动。我家就活着出来了我一个人，我把王端看成了可依靠的人，就像王端依靠我一样，我对着楼板的空隙冲下面喊：'王端，天黑了，我在上面跟你做伴，你不要怕呀……现在，咱俩一人找一块砖头，你在下面敲，我在上面敲，你敲几下，我就敲几下——好，开始吧。'她敲当当，我便也敲当当，她敲当当当，我便也敲当当当……渐渐地，下面的声音弱了，断了，我也迷迷糊糊地睡着了。不知过了多长时间，下面的敲击声又突然响起，我慌忙捡起一块砖头，回应着那求救般的声音，王端颤颤地喊着我的名字，激动得哭起来。第二天，吊车来了，王端终于得救了——那一年，王端11岁，我9岁。"

女同事们流下了眼泪，男同事们一声不吭地抽烟。在这一份纯洁无瑕的生死情谊面前，人们为自己的庸俗而汗颜。

真挚的友爱会给予挣扎在死亡边缘的人注入强大的精神力量，陪伴友爱同行，心里有了寄托，以此对抗死神绰绰有余，危难中的友爱更见真情。

以真诚换取友谊

把纯洁的友情看成是金钱附庸的人，在生活中比比皆是，他们对权势钱财看得特别重，谁有权有势就巴结逢迎，以求利用，谁有钱有势，便趋之若鹜，这种人不问是非曲直，吃吃喝喝就能混在一起，打着"朋友"的旗号，追求实利，这种"合作"带有明显的铜臭味。

这种势利朋友容易得到合作者，也容易失去合作者，容易结交也容易散伙。这种友谊是建立在权势钱财和杯盘烟酒之上的，是极端自私、虚伪的，带有极大的欺骗性和危害性，这种"友谊"是难以长久的。

日常生活中，我们也会遇到这样的情况，当你取得成绩，有了荣誉之后，有的人殷勤地向你表示友好；而当你遇到挫折和困难时，他们则躲得远远的。这种讲实惠的实用主义性格是可鄙的。有的人对那些于自己有用的"朋友"，就千方百计地加以笼络，对暂时用不上而将来有所求的"朋友"，则滑头滑脑，若即若离地维持；对曾经有用，今后不再有用的"朋友"，则置之脑后似乎不曾相识；对那些过去有恩于自己，后来陷于困境需要他帮助的，则忘恩负义，有的甚至趁火打劫、落井下石。

这些人的交友之道与做人最起码的道德格格不入。古希腊的政治家伯利克里说过："我们结交朋友的方法是给他人以好处，而不是从别人那里得到好处。"这句话道出选择朋友的道德标准。

势利之人之所以与你交往，看重的是你的权力、财富、美色，而一旦你失势、破财、人老珠黄，他就会弃你而去，与这种人实无友爱可谈。居里夫人说过这样一句名言："一个人不应该与被财富毁了的人来往。"并警告我们不要交酒肉朋友，势利朋友，不要与势利之徒搞在一起，结成所谓的合作者。而这样的人是无法获得真正的友谊的。

酒肉之交不是朋友，患难才见真情。交友要有分寸，择友要讲究缘分。交友重在相互帮助，相互提高，共同面对人生的磨难，交友不慎会留下终生遗憾。

如果我们想交朋友，就要先为别人做些事情——那些需要花时间、精力、体贴、奉献才能做到的事。

现代人生活忙忙碌碌，没有时间进行过多的应酬，日子一长，许多原本牢靠的关系，就会变得松懈，朋友之间逐渐互相淡漠。这是很可惜的。

"敢问情为何物，直叫人生死相许"，作为一个普通人都难逃脱一个"情"字。尽管当今社会有一句话："认钱不认人。"但是"人情生意"从未间断过。人既然能够为情而死，那么为情而做生意，又有什么不可？想想也是人之常情。

所以，营造关系网，也需"感情投资"。

让我们以做生意为例，所谓"感情投资"，说简单点，就是在生意之外多一层相知和沟通，能够在人情世故上多一份关心，多一份相助。即使遇到不顺当的情况，也能够相互体谅，"生意不成人情在"。

很多人都有忽视"感情投资"的毛病，一旦关系好了，就不再觉得自己有责任去保护它了，特别是在一些细节问题上，例如该通报的信息不通报，该解释的情况不解释，总认为"反正我们关系好，解释不解释无所谓"，结果日积月累，形成难以化解的问题。

更糟糕的是，人际关系亲密之后，一方总是对另一方要求越来越高，总以为别人对自己好是应该的；对方稍有不周或照顾不到，就有怨言。长此以往，很容易形成恶性循环，最后损害双方的关系。

可见，"感情投资"应该是经常性的，不可似有似无。从生意场到日常交往，都应该处处留心，善待每一位关系伙伴，从小处、细处着想，时时落在实处。

在这个世界上，人人都承认在人生经历中最为有益的事即是友情。生活中拥有友谊的人得到了众口同声的赞美。友谊是于不知不觉中就走进生活里来的，因此，生活中是不能没有友谊的。人性是不喜孤独的，是需要扶助的，而亲爱的朋友便是能给你最好扶助的人。珍惜你所拥有的真挚的友谊与真正的爱情，它能使你变得高尚，使生命变得更加充实。一切身外之物都不难得，难得的是一颗相通的心。

要使友谊之树深深扎根，根深叶茂，要得到朋友，就需要付出真诚。用真诚相待，才能换来真诚的朋友。如果把友谊仅仅局限于两三个人的小圈子里，而不愿与更多的人交往，不仅可能使自己失去与更多的人互相学习、互相交流的机会，而且使自己的视野狭窄，生活内容单调。因此，应该与更多的人交往。

当你对自己诚实的时候，这世界就没有人能够欺骗你

做人为什么要诚实？首先，诚实会使我们内心坦然，而说谎、虚假、欺瞒，则会折磨你的良心，让你的心境处在一种灰暗、忐忑不安、时刻紧张的状态中。这种自我折磨正是不诚实的必然结果。

古波斯诗人萨迪说："讲假话犹如用刀伤人，尽管伤口可以治愈，但伤疤将永远不会消失。"他还说："宁可因为真话负罪，不可靠假话开脱。"

萨迪的话的确很耐人寻味。说谎或说假话，常被一些人视为"聪明"的处世之道。他们为了掩饰自己的过错或推脱责任而说谎，或者为了谋取个人利益而骗人。他们自以为得计，或暂时得逞，但假的就是假的，谎言早晚有被揭穿的一天，那时他们将因自己的不诚实而失去他人的信任。谎言在被骗者心头留下的伤疤是很难消失的。我们都知道那个"狼来了"的故事，小男孩可以一次再次地骗人，但当狼真的来了时，就没有人再相信他了，他只能眼睁睁地看着羊被狼叼走。

有一个笑话，说有一个老太婆卖松花蛋，就是鸡蛋外面糊着一层泥和草的那种。松花蛋卖得很火，老太婆动心眼了：我干吗这么实诚呢？她于是把大鸡蛋换成了小鸡蛋，外面糊上厚厚的泥。没想到，照样卖得很火。老太婆尝到"甜头"了，又把鸡蛋换成了土豆——还是卖得很火。一不做二不休，老太婆索性用鹅卵石代替土豆，冒充松花蛋卖！她的"松花蛋"还是卖得很火！

当老太婆高高兴兴地点着手里的钞票时，她的头上突然下起了"雹雨"——一块块鹅卵石、一颗颗土豆，甚至还有一个个鸡蛋，劈头盖脑地都砸向了她。

说谎，其实是一桩很累人的事。

有人说，我也知道做人要诚实，但现实生活中，诚实的人常常吃亏，你不说假话，就很难办成事。

这里存在着误区，就是如何看待"吃亏"，如何看待"办成事"。

我们看到身边和社会上一些人靠说假造假"办成"了"事"，那是什么"事"呢？是骗到了一官半职，是赚到了不义之财，是用一纸买来的假文凭在某公司谋到了好差事，是用让人代笔写的论文拿到了毕业证书，是像有些地方的考生通过作弊上了大学……这样的"事"即使办成了，又有什么可让人羡慕的呢？这不是违法乱纪的行为吗？除了那些利令智昏、全然视法律为儿戏、不惜以身试法的坏人外，我们相信，这多数仅仅是私心作祟，对一时犯糊涂的人来说，他们靠这种手段侥幸"成功"于一时，但从此以后，恐怕就要生活在良心的自责和唯恐被揭穿的恐惧之中了。这是"得便宜"还是"吃亏"？

诚实的人是会吃一些"亏"的，比如当存在着不公平、不公正的情况下，或你面对的是一个并不诚实的人时。你有真才实学，你相信靠本事吃饭，结果领导却给他的三亲六戚加薪提职，却把你这老实人抛在一边，你明显是"吃亏"的。但这不是诚实的罪过，而是不公正的领导的罪过。你应该对这种不公正愤怒，而不能对诚实愤怒。你愿意因此而扭曲了自己，从此也去做一个不诚实的、待人不公正的人吗？那你岂不是把自己也变成了你的"领导"那一类你瞧不起的人？

现在有一种说法，叫说谎不可以，但说"善意的谎言"无伤大雅。有人甚至说"善意的谎言"是生活的调味品。是的，我们有时的确需要说说谎，比如为了不致给患病的亲人增加精神压力而谎说他的病情；或者为了安慰失去亲人的人而瞒着噩耗。这都是不得已的事，是权宜之计，这当然是无可厚非的。但现在有一种倾向，却是在"善意的谎言"的名义下，心安理得地欺骗自己的亲人、朋友、同事等等。或许事情并不大，例如对妻子谎称是单位加班，而实际上是与朋友去打麻将；或明明是与昔日的恋人见面（绝对是很正常的见面），却告诉妻子是去参加同事聚会……诸如此类，据说都是为了避免不必要的矛盾或误解等。

当然，这种"善意的谎言"你仍可以撒，但你想没想过，一是败露后会不会伤害感情？二是谎话太多你累不累？你有没有更深入反省一下，为什么很正当的事却要撒谎——哪怕是用善意的谎言来掩护呢？这是不是说明你和对方还是彼此缺乏信任？或者就是你自己心里有那么一点不踏实的东西在作祟？

有一个外国作家说："无害的谎言说多了也会有害。"所以，所谓

"善意的谎言"能不说还是尽量不要说吧！

时至今天，诚实仍应该是我们每个年轻人所追求的美德。人民教育家陶行知曾满腔热情地赞扬过一个叫平老静的老者，称他"平凡而伟大"。平老静当年在河北保定开一家肉包子铺。他拿了包金的镯子去当，赎回来的是真金镯，就去当铺还掉。大家都知道平老静是诚实人，都去他的铺子里买包子，因此生意兴隆。这就是社会对诚实的认同。

诚实不欺，不但使你求得良心的平静，也能帮助你获得他人的信任，以促成你事业的成功。

不要轻易向别人许诺

帮助别人是好事，但是一定要量力而行，不能打肿脸充胖子。答应帮助别人，就一定要信守自己的诺言。所以，在帮助别人之前首先看自己能不能办到，如果没有把握就不要轻易对别人承诺。这是人人都明白的道理，可总有那么一些人不自量力，对朋友请求帮助的事情一口答应下来，事情办好了什么事也没有，假如办不好或只说不做，那就是不守信用，朋友就会埋怨你。

对于一个有权力的人来说更应该注意这一点，因为你有权，亲戚朋友托你办事儿的人一定不少。这时你应该好好考虑考虑，不能轻易答应别人。有的朋友求你帮忙的事可能不符合政策，这样的事最好不要许诺，而是当面跟朋友解释清楚，不要让朋友心存误会，认为你不愿帮忙；有的朋友找你办的事可能不违反政策，但确有难度，就需要跟朋友事先说明，这件事难度很大，我只能试试，办成办不成很难说，你也不要抱太大希望，这样做是给自己留有余地，万一办不成，也会有个交待。

当然，对于那些举手之劳的事情，还是尽量答应朋友去办，但答应了后，无论如何也要去办好，不可今天答应了，明天就忘了，万万不能失信于人。

我们在这里强调不要轻率地对朋友做出承诺，并不是说要一概回绝，而是要三思而后行。尽量不说"这事没问题，包在我身上了"之类的话，要给自己留一点余地。不经过考虑而随便承诺，只能害人害己。

春节联欢晚会上曾演出这样一个小品：一个老实巴交的人担心自己的领导和同事会看不起自己，就假装自己手眼通天，别人求他办事，不管有多大困难一概来者不拒。为了帮别人买两张卧铺票，不惜自己通宵排队，结果不但自己吃苦不说，还闹出了一连串的笑话。

有时候，一些比较不错的朋友托你办事时，你为了保全自己的面子，或为给对方一个台阶，往往对对方提出的一些要求，不加分析地加以接受。但不少事情并不是你想办就能办到的，有时受各种条件、能力的限制，一些事是很可能办不成的。因此，当朋友提出托你办事的要求时，你首先得考虑这事你是否有能力办成，如果办不成，你就得老老实实地说，我不行。随便夸下海口或碍于情面都是于事无补的。

有人来托你办一件事，这人必有计划而来，最低限度，他已准备好怎样说了。你这方面，却一点儿准备都没有，所以，他可是稳占上风的。

他请托的事，可为或不可为，或者是介乎两者之间，你的答复是怎样呢？许多人都会采取拖的手法，"让我想想看，好吗？"这话常常会被运用。

九、诚信的人受人爱戴：赢得友谊与影响他人

159

有些时候，许多人会作一种不自觉的承诺，所谓"不自觉的承诺"，就是"自己本来并未答允，但在别人看来，你已有了承诺"。这种现象，是由于每一个人都有怕"难为情"的心理，拒绝属于难为情之类，能够避免就更好。

但要记住，现在大多数人都喜欢"言出必行"的人，却很少有人会用宽宏的性格去谅解你不能履行某一件事的原因。因此，拿破仑说："我从不轻易承诺，因为承诺会变成不可自拔的错误。"

"你的承诺和欠别人的一样重要。"这是人们的普遍心理。

当对方没有得到你的承诺时，他不会心存希望，更不会毫无价值地焦急等待，自然也不会有被拒绝的惨痛。相反，你若承诺，无疑在他心里播种下希望，此时，他可能拒绝外界的其他诱惑，一心指望你的承诺能得以兑现，结果你很可能毁灭他已经制订的美好计划，或者使他延误寻求其他外援的机会，一旦你给他的希望落空，那将是扼杀了他的希望。

如此一来，你的形象就会大跌，别人因你不能信守承诺而不相信你了，别人也不再愿与你共事，不愿再与你打交道，那么，你只能去孤军奋战。有些人在生活或工作上经常不负责，许下各种承诺，而不能兑现承诺，结果给他人留下恶劣的印象。如果承诺某种事，就必须办到，如果你办不到，或不愿去办，就不要答应别人。

事物总是发展变化的，你原来可以轻松地做到的事可能会因为时间的推移、环境的变化而有了一定的难度。假如你轻易承诺下来，会给自己以后的行动增加困难，对方因为你现在的承诺而导致将来的失望。因此，即使是自己能办的事，也不要轻易承诺，不然一旦遇上某种变故，让本来能办成的事没能办成，这样一来，你在他人眼里就成了一个言而无信的伪君子。对时间跨度较大的事情，可以采取延缓性承诺。

东汉末年，华歆、王朗一同乘船逃难。有一个人要搭船，华歆很为难，王朗说："希望你大度一些，只是搭搭船有什么不可以？"后来强盗追来，王朗想把搭船的人扔掉，华歆说："我刚才之所以犹豫，正是因为这个，既然已经接纳了他，他把自己托付给我们了，怎么能由于危难而抛弃他呢？"世人以这件事评价华歆和王朗的好坏。

信守诺言是人的美德，有人把自己的信誉看得比生命还重要。但是有些人在生活中或生意上经常不负责地许各种诺言，却很少能遵守，结果失信于人，给人留下很坏的印象。假如你答应要做某件事，就必须办到；假如你办不到或是觉得得不偿失，就不要答应别人，你可以找任何借口来推辞，但绝不要随口说："没问题！"假若实在不好推脱，也不要把话说死，你说试试看而没有做到，那么你给对方留下的印象就是：你曾经试过，结果失败了。别人也不会责怪你不守信用。

你的信用能给予别人良好的印象，在这个社会中再没有什么比别人的信任更珍贵。因此，你在接到别人的请求时，一定要考虑清楚，千万不要轻易许诺。许了诺，便一定要不惜一切代价去遵守，即使没有成功，别人也会为你的性格所打动，他们会认为你是一个讲信誉的人，从而会信赖你，有了众人的信赖你在生活中才有可能立于不败之地。

为人处事，应当讲究言而有信，行而有果。因此，承诺不可随意为之，信口开河。明智者事先会充分地估计客观条件，尽可能不做那些没有把握的承诺。

须知，有了承诺，就应该努力做到，千万不要乱开"空头支票"，不然不仅伤害了对方，还会毁坏自己的声誉，使你在社会上难有立足之处。

一诺千金，言出必行

现代社会要求人们讲究诚信。诚信，简而言之就是诚实守信，它是做任何事情的前提，也是一个人为人处世的最基本的要求。如果我们一味地虚伪，换回来的只会是利益相关之下的交情。要得到别人的信任，首先要靠自己的坦诚，也就是说要以真诚待人，拿出自己的真心，涉及其他人的利益时，要设身处地地为他人着想。

诚实守信是一种人格名誉。任何人都应该努力培植自己良好的名誉，使人们都愿意与你深交，都愿意竭力来帮助你。一个明智的人一定要把自己训练得十分出色，不仅要有做事的本领，为人也要做到十分的诚实和坦率。

诚信是做人之本，有些人可能会认为成功人士的成功来自于他工作技巧的精妙，而实际上，诚实更是他成功的主要条件。

很多现代工商界人士只知道名震海内外的"宁波帮"，但极少知道它的奠基者严厚信，也不知道他是我国近代第一家银行、第一个商会、第一批机械化工厂的创办者，更不知道为什么他在当时的工商界信誉卓著、成就令人瞩目。

严厚信原籍慈溪市，少年时，因为家里贫困，只上过几年私塾，辍学后在宁波一个钱庄当学徒。但他没干多少时间就被老板借故"炒了鱿鱼"。之后，他经同乡介绍在上海小东门宝成银楼当学徒。在此期间，他手脚勤快、头脑灵光，很快掌握了将金银熔化的技术，并掌握了打铸钗、簪、镯、戒指和项圈等各种首饰的技巧。同时，业余时间他酷爱读书，尤其酷爱书法和绘画。他常常临摹古今名家的作品，几乎可以达到乱真的程度。

后来，严厚信在生意中结识了"红顶商人"胡雪岩。一次，胡雪岩在宝成银楼订做一批首饰，严厚信亲自动手，做好后又亲自送去。胡雪岩给他一包银子，要他点一下，他说："我相信胡老爷，不用点。"但是，拿到店里数一下，发现少了2两银子，他不声不响，将自己的辛苦工钱暗暗地凑在里面，交给了老板。又一次，胡雪岩要宝成银楼的首饰，严厚信送去之后，又数也不数拿了一包银子回来。可是，回来一数，吓了一跳，多出了10两银子。10两银子，当时相当于一个小伙计的几年辛苦工钱。然而，他想起家里大人的教诲，绝不能要昧心钱。因此，次日一早，他马上送还给了胡雪岩。

其实，同前一次一样，这是胡雪岩试他的品行。自然，他得到了胡的好感。继而，他以自画的芦雁团扇赠给胡雪岩，深得胡的赏识，称赞他"品德高雅、厚信笃实，非市侩可比"，于是，推荐给中书李鸿章。他得到了在上海转运饷械、在天津帮办盐务等美差，逐渐积累了一些金钱。尔后，在天津开了一家物华楼金店。

严厚信拿自己的诚信换取了他人的信任和赏识，他人的信任和赏识也把严厚信推向了成功与卓越。

换个角度来说，一个人一旦失信于人一次，别人下次再也不愿意和他交往或发生贸易往来了。别人宁愿去找信用可靠的人，也不愿再找他，因为他的不守信用可能会生出很多麻烦。

许多人能获得成功，靠的就是获得他人的信任。但到今天仍然有很多人对于获得他人的信任一事漫不经心、不以为然，不肯在这方面花些心血和精力。

李嘉诚十分诚恳地拿一句话奉劝想在工作上有所作为的人：你应该

随时随地地去加强你的信用。一个人要想加强自己的信用，并非心里想着就能实现，他一定要有坚强的决心，以努力奋斗去实现。只有实际的行动才能实现他的志愿，也只有实际的行动才能使他有所成就。换言之，要获得人们的信任，除了一个人人格方面的基础外，还需要实际的行动。

一个企业的开始意味着一个良好信誉的开始。有了信誉，自然就会有财路，这是一个企业发展必须经历的过程，就像做人一样，对自己所说出的每一句话、做出的每一个承诺，一定要牢牢记在心里，并且一定要能够做到。兑现自己的承诺，这也不仅仅是个人品质问题，更对工作有深远影响。

如果要取得别人的信任，你就必须做到恪守承诺。在做出每一个承诺之前，必须经过详细审查和考虑。一经承诺之后，便要负责到底。即使中途有困难，也要坚守承诺，贯彻到底。当我们这样付出后，我们得到的可能不仅仅是别人的信任。

赢得他人的尊重和敬畏

没有威严的人，大家即使与他交往，只是共同凑乐，不会真正地深交，因为这种交往并不会提升自己的人生价值。

性格豪爽是一件好事，但是态度过于随便的人却难以获得他人的尊敬，而且这种性情的人有时还会给自己的生活增加一些麻烦，比如，他们由于说话不注意分寸往往会惹长辈生气；不顾场合地开玩笑，无意间会伤害到朋友。另外，对待身份和地位比自己高的人采取这种毫无顾忌的态度，则会使对方觉得你很没有涵养，不值得重用；对待身份和地位比你低的人态度过于随便，也容易使对方误解，让他以哥们义气与你相待，甚至提出不当的要求。开玩笑的情形也是如此，假如你凡事都喜欢开玩笑，即使在讲正话时，也很难叫人相信你。

性格豪爽的人虽然比较好相处，但要受人尊敬，你就应该善于利用这种豪爽。以我们自己的生活体验，在一些娱乐性的场合，我们往往会想起这类人的好处。比如，因为那个人歌唱得很好听，我们感觉和他相处很愉快；或是因为某人舞跳得很好，因此，我们乐意找他去参加舞会；或者因为他喜欢讲笑话，十分有趣，所以我们高兴约他一起去吃饭……

人们之所以乐意在这些场合找他，主要是为了娱乐的需要。但是，假如人们只是在这种时候才想到他，这并不是一件什么好事，这也不是在真正夸赞一个人，反过来有可能是在贬损他。至少一个只有娱乐方面占"优势"的人，是不会被他人委以重托的，因而不大会受到人们发自内心的尊敬。

假如一个人仅以一方面的特长去获得他人的友谊，这样的人其实是没有什么价值可言的。由于他不具备其他特长，或者不懂得怎样来发挥其他方面的优点，他也就很难受到他人的尊敬。记住：一个重要的处世原则就是，不论在任何时刻、任何境地，都要保持一种"稳重"的生活方式和处世态度。

那么，到底如何才是具有稳重的态度呢？所谓具有稳重的态度，就是在待人接物中要保持一定的"威严"。当然，这种带有一定威严的态度与那种骄傲自大的态度是完全不同的，甚至可以说是与之完全相反。这种反差就如同鲁莽并不是勇敢的表现，乱开玩笑并不是机智一样。我们这样说，并无意去贬低那些具有良好心态的人，但是傲慢、自负的人

九、诚信的人受人爱戴：赢得友谊与影响他人

165

确实很容易惹人生气，甚至让人嘲笑或轻蔑。

　　一个具有稳重性格的人是绝对不会随便向他人溜须拍马的；他也不会八面玲珑，四处去讨好他人；更不会去任意滋事造谣，在背后批评他人。具有稳重态度的人，不仅会将自己的意见谨慎、清楚地表达出来，而且还能平心静气地倾听和接受他人的意见。如此待人处世的态度，就可以说是一种具有稳重的威严感的态度。

　　这种稳重的威严感也可以从外在表现出来，即在言谈举止、表情或动作上都很自信、成熟且稳健。当然，假如你能在此基础上再加上生动的机智或高尚的气质，就更能增强你的尊严感。相反，假如一个人凡事都采取一种嘻嘻哈哈或无所谓的态度，就会让人觉得你十分轻浮。假如一个人的外表看上去十分威严，但在实际行动上却草率之至，做事极不负责任，这样的人也仍然称不上是一个具有稳重威严感的人。

　　树立自己的威信，赢得他人对自己的尊重很重要，这将影响到自己的性格。

十、乐观的人拥有幸福：
阳光心态是快乐的根本

在这个充满竞争和压力的社会，越来越多的人渴求成功，有些人付出了很多努力，却离成功越来越远；有些人每天都在加班，但是工作仍然毫无起色；有些人攀上了事业的高峰，但是压力却越来越大，快乐越来越少……问题出在哪里？可能就是因为没有一个乐观的性格和阳光的心态。塑造阳光的性格，让我们驱散心中的阴霾，拥有人生的万里晴空！

正视坎坷的人生

　　许多年前，有一个名叫海菲的人。他恳求老板改变他地位低下的生活，因为他爱上了一位美丽的姑娘，而姑娘的父亲却富有而势利。

　　不想他的恳求获得了老板——大名鼎鼎的皮货商人柏萨罗的恩准。为了验证他的潜力，柏萨罗派他到一个名叫伯利恒的小镇去卖一件袍子。然而，他却失败了，因为出于一时的怜悯，他把袍子送给了客栈附近一个需要取暖的新生儿。

　　海菲满是羞愧地回到皮货商那里，但有一颗明星却一直在他头顶上方闪烁。柏萨罗将这种现象解释为上帝的启示，于是，他给了海菲十道羊皮卷，那里面记载着震撼古今的商业大秘密，有实现男孩所有抱负所必需的智慧。

　　海菲怀揣着这十道羊皮卷，带着老板给他的一笔本金，走向远方，正式开始了他独立谋生的推销生涯。

　　若干年后，这个海菲成了一名富有的商人，并娶回了自己心爱的姑娘。他的成就在继续扩大，不久，一个浩大的商业王国在古阿拉伯半岛崛起……

　　熟悉以上这段文字的人都明白，这是一部奇书的故事梗概，它的名字叫《世界上最伟大的推销员》。作者奥格·曼狄诺，出生于美国东部的一个平民家庭。28岁时他读完了学校课程，有了工作，并娶了妻子。但是后来，由于自己的盲目冲动，他犯了一系列不可饶恕的错误，最终失去了自己一切宝贵的东西——家庭、房子和工作，几乎一贫如洗。于是，他开始到处流浪，寻找自己、寻找赖以度日的种种答案。

两年后，他认识了一位受人尊敬的牧师，解答了他提出的许多困扰人生的问题。临走的时候，牧师送给他一部《圣经》。此外，还有一份书单，上面列着11本书的书名。它们是——《最伟大的力量》、《钻石宝地》、《思考的人》、《向你挑战》、《本杰明·富兰克林自传》、《获取成功的精神因素》、《思考致富》、《从失败到成功的销售经验》、《神奇的情感力量》、《爱的能力》、《信仰的力量》。

从这一天开始，奥格·曼狄诺就依照牧师开列的书单，把11本书一一找来细细地阅读。渐渐地，笼罩在心头那一片浓重的阴云退去了，似有一抹阳光照射进来，他激动万分，终于看到了希望。

人能创造自然界最伟大的奇迹，一旦曼狄诺意识到自己的潜力，便焕发出前所未有的生活热情和勇气。他遵循书中智者的教诲，像一位整装待发的水手，手中有了航海图，瞄准了目标，越过汹涌的大海，抵达梦中的彼岸。

在以后的日子里，曼狄诺当过卖报人、公司推销员、业务经理……在这条他所选择的道路上，充满了机遇，也满含着辛酸，但他已不可战胜，因为，他掌握了人生的准则。当遇到困难，甚至失败时，他都用书中的语言激励自己：坚持不懈，直至成功！终于，在35岁生日那一天，他创办了自己的企业——《成功无止境》杂志社，从此步入了富足、健康、快乐的乐园。

奥格·曼狄诺的成功为他带来了巨大的荣誉，成为美国家喻户晓的商界英雄。曼狄诺没有就此止步，开始著书立说。1968年，他写出了《世界上最伟大的推销员》一书。该书一经问世，即以22种语言在世界各个国家出版，不仅仅是推销员，还包括社会各个阶层人士，都被这部作品的风格深深吸引，人们争相阅读。截至1998年，该书在全球总销量达到1800万册。

凡读过此书并对作者有所了解的人，都不难看出，海菲其实就是曼狄诺本人的化身，而牧师赠给他的 11 本书，则是那十张充满神秘色彩的羊皮卷。

曼狄诺的人生经历使人感慨，如果他没有早年的坎坷，就不会有后来的成就。不平凡的经历是成功的一笔财富，而如果他没有乐观的性格，没有彻悟人生，不是对生活充满热情，并勇敢面对，也不会克服重重困难，成就了他辉煌的人生。

笑对世间起伏事

天有不测风云，人有旦夕祸福，生命之舟始终沉浮不定，我们要笑看人生沉浮："沉"时，志气不能丢；"浮"时，骨气不动摇。一个人拥有乐观的性格与心态，从容淡定地应对人生的沉浮，便能使自己的每一天都过得开心愉快。

很久以前，有一个屡屡失意的年轻人来到寺院，慕名拜访老僧释圆大师。"人生总不如意，苟且活着，有什么意思？"年轻人沮丧地对释圆大师说道。

释圆大师静静听着年轻人的叹息，随后吩咐小和尚说："这位施主远道而来，烧一壶温水送过来。"过了一会儿，小和尚送来了温水，释圆大师抓了茶叶放进杯子，然后用温水沏了，微笑着请年轻人喝茶。

杯子里冒出微微的水汽，茶叶静静地浮着，年轻人不解地询问："宝刹怎么用温水泡茶？"释圆大师笑而不语。年轻人喝了一口细品，不由摇摇头："一点茶香都没有。"释圆大师说："这可是名茶铁观音啊。"年轻人又端起杯子品尝，然后肯定地说："真的没有一点茶香。"

释圆大师又吩咐小和尚说："再去烧一壶沸水送过来。"不一会儿，小和尚便提着一壶沸水进来。释圆大师起身，又取过一个杯子，放茶叶，倒沸水，再放在茶几上。年轻人俯首看去，茶叶在杯子里上下沉浮，丝丝清香不绝如缕，令人望而生津。年轻人欲去端杯，释圆大师作势挡开，又提起水壶注入一线沸水，茶叶翻腾得更厉害了，一缕更醇厚更醉人的茶香袅袅升腾。释圆大师如是注了5次水，杯子终于满了，这时绿绿的一杯茶水端在手上清香扑鼻，入口沁人心脾。

释圆大师笑着问："施主可知道，同是铁观音，为什么茶味迥异？"年轻人思忖着说："一杯用温水，一杯用沸水，冲沏的水不同。"释圆大师点头："用水不同，则茶叶的沉浮就不一样。温水沏茶，茶叶轻浮水上，怎会散发清香？沸水沏茶，反复几次，茶叶沉沉浮浮，最终释放出四季的风韵：既有春的幽静、夏的炽热，又有秋的丰盈和冬的清冽。世间芸芸众生，又何尝不是沉浮的茶叶？那些不经风雨的人，就像温水沏的茶叶，只在生活表面漂浮，根本浸泡不出生命的芳香；而那些栉风沐雨的人，如被沸水冲沏的酽茶，在沧桑岁月里几度沉浮，才有那沁人的清香啊！"

年轻人若有所思，惭愧不已。

浮生若茶，我们何尝不是一撮生命的清茶？命运又何尝不是一壶温水或滚烫的沸水？茶叶因为沉浮才释放了本身的清香，而生命也只有遭遇一次次挫折和坎坷，才激发出人生那一缕缕幽香！

在我们未来的人生旅途中，总会发生许许多多的变化：贫富的变化、环境的变化、工作的变化、身份的变化，所有的变化最终都会引起生活的变化，以至人生的变化。在变化中，培养自己豁达开朗的性格，用积极处世的心态把握人生，在变迁中体验人生，不断地改变自己的生活目标，调节生活内容，只有这样，生活之舵才不会有所偏移；让自己主动去适应每一次沉浮变幻，未来的生活才有定向。否则，终有一天会迷失方向而不知何去何从。

我们都是平凡人，有时背一点、穷一些是常事，学会豁达、洒脱，摆脱心浮气躁，才会拥有一个幸福安然的人生。

古希腊大哲学家苏格拉底还是单身汉的时候，曾经和几个朋友住在一间只有七八平方米的小屋里，可他一天从早到晚总是乐呵呵的。

有人问他："那么多人挤在一起，连转个身都困难，有什么可高兴的？"

苏格拉底说："朋友们在一块儿，随时都可以交换思想，交流感情，这难道不是很值得高兴的事儿吗？"

过了一段时间，朋友们一个个成家了，先后搬了出去。屋子里只剩下了苏格拉底一个人，但是每天他仍然很快活。

那人又问："你一个人孤孤单单的，有什么好高兴的？"

苏格拉底说："我有很多书啊！一本书就是一个老师，和这么多老师在一起，时时刻刻都可以向它们请教，怎能不高兴呢！"

几年后，苏格拉底也成了家，搬进了一座大楼里。这座大楼有七层，他的家在最底层。底层在这座楼里是最差的，不安静，不安全，也不卫生。上面总是往下面泼污水、丢死老鼠、破鞋子、臭袜子和杂七杂八的脏东西。那人见他还是一副喜气洋洋的样子，好奇地问："你住这样的房间，也感到高兴吗？"

"是呀！"苏格拉底说，"你不知道住一楼有多少妙处啊！比如，进门就是家，不用爬很高的楼梯；搬东西方便，不必花很大的劲儿；朋友来访容易，用不着一层楼一层楼地去叩门询问。特别让我满意的是，可以在空地上养花种菜。这些乐趣，真是数之不尽啊！"

过了一年，苏格拉底把一层的房间让给了一位朋友，这位朋友家有一个偏瘫的老人，上下楼很不方便。他搬到了楼房的最高层——第七层，可是每天他仍是快快活活的。

那人揶揄地问："先生，住七层楼也有很多好处吗？"

苏格拉底说:"是呀,好处多着呢!仅举几例吧:每天上下几次,是很好的锻炼机会,有利于身体健康;光线好,看书写文章不伤眼睛;没有人在头顶干扰,白天黑夜都非常安静。"

对于每一个人来说,生活中遇到不幸的事情是再正常不过的,如果你始终对不幸耿耿于怀,快乐就永远不会回来。因此,只有培养自己豁达乐观的性格,笑对人生起伏的处世心态,淡化不幸、抓住眼前的快乐,才会让生命重放光彩。

得失不必挂心上,乐观豁达就逍遥

生活中不顺心事十有八九,要做到时时顺心,就要做到乐观,不愉快的事让它过去,得失不放在心上。我们应该试着调整自己的心态。

记得有一次,小张的太太提起一件已经过去的懊恼事,小张本来好好的心情一下子变坏了,两人谈话的情绪也没有了,沉浸于一种气恼的往事回忆之中。突然,小张意识到,这不是在自己折磨自己吗?在家生别人的气,别人可能正在愉悦之中呢。他能愉悦,我怎么就该生气?于是,小张对太太说:"过去的事让它过去吧,多想些愉快的事,自己给自己添寿好吗?"太太也笑了。从此,他们学会了忘怀。

每个人本来都具有充沛的精神活力,但因为某些心理压力,如紧张、失败、挫折等等,渐渐形成情绪问题。有时反应暴躁,有时反应冷淡,导致心灰意懒,半途而废。为了避免半途而废,培养积极的性格,一定要学习忘怀之道。忘怀之道,可以使我们真正放下心中的烦恼和不平衡的情绪。让我们在失意之余,有机会喘一口气,恢复体力。

脑子的作用,不只是帮助我们记忆,更是帮助我们忘怀。应时时刻刻排解多愁善感的情绪，把恼人的往事放在一边，不要让自己被种种纷扰所困，而要让愉快的心情时时陪伴自己。只有这样，我们才有好的精神和体力去生活，去工作。

乐于忘怀是一种心理平衡。有一句话说的是：生气是拿别人的错误惩罚自己。老是念念不忘别人的坏处，实际上深受其害的是自己的心灵，搞得自己狼狈不堪，不值得。乐于忘怀是成功人士的一大特征，既往不咎的人，才可甩掉沉重的包袱，大踏步地前进。

要把惨痛的往事忘怀，是一件不容易办到的事情。比如某人算计你，使你无法加薪，失去升职的机会，此刻，你见之恨不得剥其皮，抽其筋，戮其肉，剁其骨，叫你如何忘怀呢？托尔斯泰说："我们能够爱恨我们的人，但无法爱我们恨的人。"爱是生命的动力，恨也可以成为生命的动力。向所恨之人报复，而不是忘怀，也可以激人奋发图强。文王姬昌、越王勾践就是因恨而建立国家的成功典型。

我们生活在现在，面向着未来，过去的一切，都被时间之水冲得一去不复返。我们没有必要念念不忘那些不愉快，那些人间的仇怨。如果我们总念念不忘，只能被它腐蚀，而变得心中充满了怨恨，甚至导致精神崩溃，而陷自己于疯狂。

做人，不但要忘怀不愉快的往事，也要放下沾沾自喜、自鸣得意的性格，那些性格，往往陷你于虚妄之中。从心理学角度看，无论你惦记的是快乐的往事或悲愁憎恨，长期生活在过去的记忆里，就要与现实生活脱节，它会严重威胁你的心理健康和心智的发展。

忘怀，它是忙碌的树阴，它让我们在燥热疲倦时，有机会休息，使活力恢复过来。然而，怎样才能忘怀呢？只有一个方法：放下。

康德是一位懂得忘怀之道的人，当有一天他发现自己最信赖又依靠的仆人兰佩，一直有计划地偷盗他的财物时，他便把兰佩辞退了。但康德又十分怀念他，于是，他在日记上写下悲伤的一行："记住要忘掉兰佩。"真正说来，一个人并不那么容易忘掉伤心的往事。不过，当它浮现出来时，我们必须懂得不陷入悲不自胜的情绪，必须提防自己再度陷入愤恨、恐惧和无助的哀愁里。这时，最好的方法就是扭转念头去专心工作，计划未来，或者去运动、旅行。

学习忘怀之道，让许多愤恨的往事放下，日子久了，激动情绪也就越来越少，心灵和精神的活力得以再生，恢复了原有的喜悦和自在。

有时候，我们的悲伤和内疚是因为自己做错事而引起的，这时可以用补偿的方法，来帮助忘怀。例如用诚恳的道歉，或者用其他方法补救，使自己身心保持平和。

有首禅诗，吟咏道：
春有百花秋有月，夏有凉风冬有雪。
若无闲事挂心头，便是人间好时节。
一个人如果学会了乐观向前，不愉快的心情自然消失，代之而起的是朝气蓬勃的新生，成功将向你再度发出耀眼的光辉。

别让自己活得太累

"生活真是太累了！"经常听到一些人喊出这句话。实际上，生活本身并不累，它只是按照自然规律、按照它本身的规律在运转。

的确，生活的涵盖量是太大了。生活在这个世界上，你要为衣、食、住、行去奔忙，要去应付各种各样的事，要去与各种各样的人相处。可谁又能保证你所接触的事都是好事，你所遇到的人都是谦谦君子呢？即使是上帝掌握在你的手中，恐怕也不会那么幸运，更何况并没有万能的上帝呢？

十、乐观的人拥有幸福：阳光心态是快乐的根本

因此，生活中必然要有这样或那样的事，有喜就会有悲，有幸运之神就会有不幸的降临。人也是如此，有君子就有小人，有高尚之士就有卑鄙之徒。事物都是相对而生的，否则生活又怎么能称之为生活呢？只有各种各样的事、各种各样的人糅合在一起，才能构成色彩斑斓的世界，也只有这样的生活才是有滋味的。

在生活中，面对着各种各样不合自己心意的事，与各种各样不与自己性格相符的人相处，你会采取什么样的态度呢？是态度坦然、襟怀磊落轻松地对待生活，还是谨小慎微，抬头怕顶破天，走路怕踩到蚂蚁呢？值得告诉大家的是，不要让自己长期生活在紧张、压抑之中，不要让自己的琴弦绷得太紧，也就是别活得那么累。必要时，放松一下自己，轻轻松松地活着。

生活毕竟是公平的，对谁都是一样，没有绝对的幸运儿，更没有彻底的倒霉鬼，你有这样的不幸，他还有那样的烦心事；他人有那样的好机会，你还会有这样的好运气。因此，千万别把自己说得那么悲惨，更不要把自己缠绕进自己织的网中，挣扎不出来。

感觉生活太累的人一般都是一些胆小怕事者。每说一句话都要考虑他人会怎么看待自己，会不会因这一句话而伤害某人；每做一件事都要瞻前顾后，生怕因为自己的举动而给自己带来不利的影响。工作中，对领导、同事小心翼翼，生活中对朋友、邻居万分小心，那真是连个臭虫都不敢打死的"谨慎"之人。其实，你的周围有那么多人，而每个人的脾气都不一样，你不可能做到使每个人都满意。即使你这样谨小慎微，还是有人对你有成见。而自己又感觉那么累那么压抑，这是何苦呢？只要不违背常情，不失自己的良心，那么，挺起胸膛来做人，效果恐怕比处处谨慎更好。

感觉活得太累的人往往不能很好地调整自己，每遇不幸之事发生时，不能辩证、乐观地去看待，并且容易对生活产生悲观想法，似乎世界末日就要来临了。哪怕是看到电视报道日本发生了地震,他也会紧张得要命,夜里不得安睡,总是疑心地球要爆炸了,说不定哪天自己就上西天了。你说,这不是杞人忧天吗?

假如长此以往,总是生活在心情沉重、感情压抑之中,那将是十分可怕可悲的事。处处都要考虑得失,时时都在注意不必要的小节,你还有更多的时间去干大事,去成就你的大事业吗?回答当然是否定的。由于你连很小的一件事都要左思右虑,时间就在你的犹豫中溜走了。或许,当你老了的时候,你回过头来会发现自己是那么渺小,两手空空,一事无成,到那时,你也只有空悲切了。

时刻感觉生活太累的人,必然看不到生活中的光明的一面,更感觉不到生活的乐趣。因为他的时间统统用来盯住自己周围狭小的一点空间,而无暇顾及其他事。同时,他的生活是十分被动的,由于他不愿主动去做什么,生怕天上飞鸟的羽毛砸了自己。这样的生活不会是幸福的,更没有快乐可言,这样的生活是沉重的。

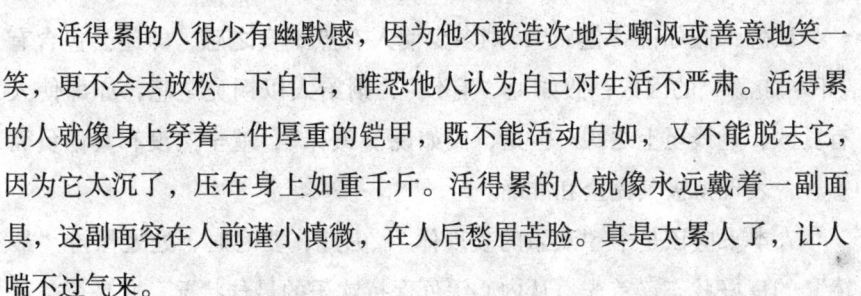

活得累的人很少有幽默感,因为他不敢造次地去嘲讽或善意地笑一笑,更不会去放松一下自己,唯恐他人认为自己对生活不严肃。活得累的人就像身上穿着一件厚重的铠甲,既不能活动自如,又不能脱去它,因为它太沉了,压在身上如重千斤。活得累的人就像永远戴着一副面具,这副面容在人前谨小慎微,在人后愁眉苦脸。真是太累人了,让人喘不过气来。

既然活得累是件很痛苦的事,既然生命对我们来说又是那么宝贵、那么短暂,那么我们何不换一种活法,活得轻松、幽默一点,努力去感受生活中的阳光,把阴影抛在后头。即使工作任务很重,也要抽出一点时间来放松一下自己,那样会对你的工作更有益处。

林肯的书桌角上总有一本内容诙谐的书放在那儿,每当他抑郁烦闷时,便翻开读几页,不但可以解除烦闷,而且还能消除疲倦。连林肯这

十、乐观的人拥有幸福:阳光心态是快乐的根本

177

样工作繁忙、沉重的人都能够放松自己，那么其他人岂不更应该能够做到吗？乐观地对待生活，将使你充满自信心。

美国富翁柯克，在他51岁那年，把财产全部用完了，他只得又去经营、去赚钱。没多久，他果然又赚了很多钱。因此，他的朋友很奇怪，问他道："你的运气为什么总是这样好呢？"柯克回答说："这不是我的幸运，乃是我的秘诀。"朋友急切地说："你的秘诀可以说出来让大家听听吗？"柯克笑了："当然可以，其实也是人人可以做到的事情。我是一个快乐主义者，无论对于什么事情，我从来不抱悲观态度；就是人们对我讥笑、恼怒，我也从不变更我的主观。并且，我还使人快乐，这样我的事业总是获得成就。我相信，一个人如果常向着光明和快乐的一面看，我相信他一定可以获得成功的。"

是的，乐观、豁达可以使人信心百倍，即使是天大的困难，也能够克服。

"修身养性"的根本目的，是要确立自信。

试想，假如说"健康"，则多少使人有点不安之感，即还会包含有"不尽如意"的因素；假如说"有钱"，则给人以铜臭之感，亦即使人有贪欲、金钱至上之嫌。但是，假如说"最棒"，就全然没有其他负面意思，表现得极其完全和准确。

人本来应该是个"欢乐的表现体"，因此，要时时、处处保持"最棒"的良好状态。首先，从内心深处保持欢乐的最佳状况，这是至关重要的。人生几十年，甚至一百年，说起来很长，但其实过起来也很快。与整个历史长河相比，那就更是转眼即逝的短暂的一瞬。所以，要注意忘却不快，更不能自寻烦恼，自己让自己"活得累"。

告别抑郁拥抱快乐

抑郁代表的是一种消极的意识和自我折磨的心态。有人认为抑郁只不过是由性格内向导致的，没有什么大不了的，殊不知这种不良情绪是严重制约人做大事的性格之一，我们应当用积极乐观的性格去面对生活，消除抑郁。

一些人的抑郁是由某一些生活事件，诸如失业、住房问题、贫穷或重大的财产损失造成的。另一些人的抑郁似乎与遗传有关。还有一些人，早期苦难的生活经历，使得他们具有抑郁的易感性。更有一些人其抑郁根源于家庭、人际关系或与社会隔绝等问题。当然，人们或许有其中一种或多种问题，因此毫不奇怪，我们对付抑郁，需要各种治疗方法和手段，对一个人有效的方法或许对另一个人无效。

下面几种对抗抑郁方法，你不妨尝试一下：

（1）日常生活要合理安排

抑郁的人对日常必须的活动会感到力不从心，因此我们应对这些活动进行合理安排，以使它们能一件一件地完成。以卧床为例，如果躺在床上能使我们感觉好些，躺着无疑是一件好事。但对抑郁的人来说，事情往往并非这么简单。他们躺在床上，并不是为了休息或恢复体力，而是一种逃避的方式，渐渐地他们会为这种逃避而感到内疚、自责。因此，最重要的是，努力从床上爬起来，按计划每天做一件积极的事情。

有时，一些抑郁者常常带着这样的念头强制自己起床，"起来，你应该努力了，你怎么能光躺在这儿呢？"其实，与之相反的策略也许会有帮助，那就是学会享受床上的时光。一周至少一次，你可以躺在床上

看报纸、听收音机，并暗示自己：这多么令人愉快。你应当学会，在告诉自己起床干事情的时候，不再简单地"强迫自己起床"，而是鼓励自己起床，因为躺在那儿想自己所面临的困难，会使自己感觉更糟糕。

（2）有步骤地对抗抑郁

对抗抑郁的方式之一，就是有步骤地制订计划。尽管有些麻烦，但请记住，你正训练自己换一种方式思维。如果你的腿断了，你将会思考如何逐渐地给伤腿加力，直至完全康复。有步骤地对抗抑郁也必须是这样的。

现在，尽管令人厌倦的事情没有减少，但我们可以计划做一些积极的活动，即那些能给你带来快乐的活动。例如，如果你愿意，你可以坐在花园里看书、外出访友或散步。有时抑郁的人不善于在生活中安排这些活动，他们把全部的时间都用在痛苦的挣扎中，一想到房间还没打扫就跑出来，便会感到内疚。其实，我们需要积极的活动，否则，就会像不断支取银行的存款却不储蓄一样。快乐相当于你银行里的存款，哪怕你所从事的活动，只能给你带来一丝丝的快乐，你都要告诉自己：我的存款又增加了。

抑郁患者的生活是机械而枯燥的。有时，这似乎是不可避免的。解决问题的关键，仍然是对厌倦进行诊断，然后逐步战胜它。

抑郁个体常感到与人隔绝、孤独、闭塞，这是社会与环境造成的。情绪低落是对枯燥乏味、缺乏刺激的生活的自然反应。

（3）往好的一面去想

许多抑郁症患者是真正的战士，很少有抑郁的人能意识到自己的极限。有时，这与完美主义密切相关。专家喜欢用"燃尽"一词描述那些处于被挖空状态的个体。对一些人而言，"燃尽"是抑郁的导火索。无论是待在家里，还是忙于应付各种工作任务，你一定要记住：你与其他人一样，所能做的工作是有限的。

克里斯·托蒂便是一个战胜抑郁症的真正的战士。克里斯住在西雅图。他说道："我从退役后不久，便开始做生意，我日夜辛勤工作，买卖做得很顺利。不久麻烦来了，我找不到某些材料和零件，眼看生意要做不下去了，因为忧虑过度，我由一个正常人变成愤世嫉俗者。我变得暴躁易怒，而且——虽然那时并没有觉察到——几乎毁了原本快快乐乐的家庭。一天，一位年轻残废的退役军人告诉我：'克里斯，你实在该感到惭愧，你这种模样好像是世界上唯一遭到麻烦的人。纵使你得关门一阵子，又怎么样呢？等事情恢复正常后再重新开始不就得了？你拥有许多值得感恩的东西，却只是咆哮生活而已。老天，我还希望能有你的好状况呢！看看我，只有一只手，半边脸几乎被炮弹打掉，我却没抱怨什么。如果你再不停止吼叫和发牢骚，不只会丢掉生意，还有健康、家庭和所有的朋友！'"

"这些话对我真是当头一棒。我终于体会到自己是何等富有。于是我改变了自己的性格，回到了从前的自我。"

安妮·雪德丝在还没有懂得"为所有而喜，不为所无而忧"的道理前，正面临一场不幸。她那时住在亚利桑那州，下面是她讲述的遭遇：

"我的生活一向忙乱——在亚利桑那大学学钢琴，在镇上主持一家语言障碍诊所，同时还指导一个音乐欣赏班。我就住在绿柳农场里，我们在那里可以聚会、跳舞，在星光下骑马。可是，有天早上我因心脏病而倒下了。'你得躺在床上一年，要绝对地静养。'医师并没有保证说我还会不会像以前一样健壮。"

"在床上躺一年，意味着我将要成为一个无用的人——或许我会死掉！我感到毛骨悚然。为什么这种事会发生在我身上？我做了什么竟会遭到这种惩罚？我又悲痛又感到忿恨不平，却还是照着医师的嘱咐躺在床上。邻居克拉拉先生是个行为艺术家，他告诉我：'你以为在床上躺

十、乐观的人拥有幸福：阳光心态是快乐的根本

一年是不幸?! 其实不然。现在，你有了时间去思考，去认识自己，心灵上的增长将大大多于以往。'我平静下来，读些励志书籍，试着找出新的价值观。一天，收音机传出评论员的声音：'唯有心中想什么，才能做什么。'这种论调我以前不知听过多少次，这次却是深深打进心坎里。我改变了主意，开始只注意自己需要的东西：欢乐、幸福、健康。我强迫自己每天一醒来就为拥有的一切赞美感谢：没有痛苦、可爱的女儿、健康的视力及听力、收音机里优美的音乐、有阅读的时间、丰富的食物、好朋友等。当医师准许我在特定时间内可以让亲友来访时，我是多么高兴啊！"

"好几年过去了，现在，我的日子过得充实而有活力，这实在应该感谢躺在床上的一年。那是我在亚利桑那最有价值、最快乐的一年，因为我养成了每天清晨感谢赞美的习惯。惭愧的是，由于害怕死亡，才使我真正学习到如何过真正的生活。"

（4）不要太过自责

抑郁的时候，我们感到自己对消极事件负有极大的责任，因此，我们开始自责。这种现象的原因是复杂的，有时，自我责备是从家庭中习得的，在我们小时候当家里出现问题时，受到责备的常常是我们。因此，即使是受虐待的儿童都学会了责备自己——这当然是荒唐可笑的。遗憾的是，善于责备他人的成年人，常挑选那些最无辩驳能力的人做他们的责备对象。

阿格尼丝是一个很爱自责的人，她的妈妈常常责备她给自己的生活造成了痛苦，久而久之，阿格尼丝就接受了这种责备。每当亲密的人遇到困难时，她就开始责备自己。然而，当阿格尼丝寻找证据时，她发现，造成她妈妈生活不幸的原因很多，包括婚姻问题、经济拮据等。但阿格尼丝小时候无法认识到这么深刻，只能相信妈妈告诉她的话。

抑郁者的自责是彻头彻尾的。当不幸事件发生或冲突产生时，他们会认为这全是他们自己的错。这种现象被称做"过分自我责备",是指当我们没有过错,或仅有一点过错时,我们出现承担全部责任的倾向。然而,生活事件是各种情境的组合体。当我们抑郁的时候,跳出圈外,找出造成某一事件的所有可能的原因,会对我们有较大的帮助。我们应当学会考虑其他可能的解释,而不是仅仅责怪自己。

有时候改变生活方式也可以帮你摆脱抑郁,当你感觉情绪不佳时,就要努力调整自己,最大程度地吸收新东西,你会发现自己的情绪也随之飞扬起来。

用微笑打败忧虑

细微的情绪带来的危害是远远超过我们的预料的,比如你毫不在意的忧虑情绪就可能损害你的自信心,并让别人远离你。幸好这种情绪并不是不可战胜的,一个灿烂的微笑就可以告别忧虑。

微笑来自快乐,它带来快乐也创造快乐。美国有一句名言:"乐观是恐惧的杀手,而一个微笑能穿过最厚的皮肤。"形象地说明了微笑的力量不可抵挡。

美国有这样一则笑话:几位医生纷纷夸耀自己的医术高明。一位医生说他给跛子接上了假肢,使他成为一名足球运动员;另一位医生说他给聋子安上了合适的助听器,使他成为一名音乐家;而美容大夫说,他给傻子添上了笑容,结果那位傻子成了一名国会议员。

这则笑话虽有些夸张,却也能从侧面说明微笑的魅力。生活中如果失去了乐观的气氛,就会如同荒漠一样单调无味。一个微笑不费分毫力气,如果你能始终慷慨地向他人行销你的微笑,那你获得的回报将不仅仅是一个微笑,你将获得长期的客户关系,你将获得丰厚的报酬,你将获得事业的成功。

人不应把全盘的生命计划、重要的生命问题,都去同感情商量。无论你周遭的事情是怎样的不顺利,你都应努力去支配你的环境,把你自己从不幸中挣脱出来。你应背向黑暗、面对光明,阴影自会留在你的后面。

把忧虑快速地驱逐出心境,是医治忧虑的良方。但多数人的缺点就是不肯开放心扉,让愉快、希望、乐观的阳光照耀,相反却紧闭心扉想以内在的能力驱走黑暗。他们不知道外面射入的一缕阳光会立刻消除黑暗,驱除出那些只能在黑暗中生存的心魔!

你要想获得别人的喜欢,就要真正地微笑。真正的微笑,是一种令人心情温暖的微笑,一种发自内心的微笑,这种微笑才能帮你赢得众人的喜欢。你见到别人的时候,一定要很愉快,如果你也期望他们很愉快地见到你的话。

兰登是阿肯色州一家电器公司的销售员,结婚已经 8 年了,他每天早上起床之后便草草地吃过早餐,冷漠地与妻子和孩子打声招呼后就匆匆上班了。

他很少对太太和孩子微笑,或对他们说上几句话。他是工作群体中最闷闷不乐的人。

后来,兰登的一个好朋友乔尼告诉他,如果他再那样下去,周围的人都会疏远他。兰登也意识到了这一点,于是,决定试着去微笑。

兰登在早上梳头的时候,看着镜子中满面愁容的自己,对自己说:"兰登,你今天要把脸上的愁容一扫而光,你要微笑起来,你现在就开始微笑!"当兰登下楼坐下来吃早餐的时候,他以"早安,亲爱的"跟太太打招呼,同时对她微笑。

兰登太太被搞糊涂了,她惊愕不已。从此以后,兰登每天早晨都这样做，已经有两个月了。这种做法在这两个月中改变了兰登，也改变了兰登全家的生活氛围，使他们都觉得比以前幸福多了。

"现在，我去上班的时候，就会对大楼的电梯管理员微笑着说一声'早安'。我微笑着向大楼门口的警卫打招呼。当我跟地铁收银小姐换零钱的时候，我对她微笑。当我在客户公司时，我对那些以前从没见过我微笑的人微笑。"兰登说，"而且我很快发现，每一个人也对我报以微笑。我以一种愉悦的性格，来对待那些满腹牢骚的人。我一面听着他们的牢骚，一面微笑着，于是问题就更容易解决了。我发现微笑带给我更多的收入。"

微笑源自快乐也能创造快乐，成功者从不会吝惜自己的微笑。

当你感觉到忧虑、失望时，你要努力改变环境。无论遭遇怎样，不要反复想到你的不幸，不要多想目前使你痛苦的事情。要想那些最愉快最欣喜的事情，要以最宽厚、亲切的心情对待人，要说那些最和蔼、最有趣的话，要以最大的努力来放出快乐，要喜欢你周围的人！这样你就能逃离忧虑的阴影，感受快乐的阳光。

不要怕别人占了便宜

生活中总有这样的人，他们做事时一门心思只考虑不能便宜了别人，但却忽视了对自己是否有利。不便宜别人就得自己吃亏，所以做事要有"心计"。不要怕便宜了别人，"便宜"别人又"得益"自己何乐而不为呢？

有这样一则笑话：

某人买回一堆小陶罐，大如拳，广口，给鸟喂食嫌大，装酱油还没盖儿。问他何意，此人双眼放光，用手比划："才一块八一个，多便宜。"是够便宜。大家看罐子有几十个，问干什么用。他一搔头皮，说："这倒没想。"众人哄笑说，再便宜，没用也是白买。他正色，说："不对，这么便宜，我不买别人就要买呀。全包圆儿，不能便宜了别人！"

看来，卖陶罐的比他先发现此物没什么用，才便宜卖。他买罐的狂喜到了不计较用途的地步，而最大的快乐不在便宜，而在别人无法享受这种便宜。

这样的心理很多人都有：当他享受某种物品的乐趣时，想到别人也在享用，就立刻黯然。据传一位极其富有的商人去世时，与他谢世一道下落不明的还有斥资数千万美元收藏的两幅西洋名画。

怕便宜别人实则是一种狭隘甚至阴暗的性格。生活中不妨放开心胸，不要聪明反被聪明误。

十一、精细的人注重细节：
细节决定成败

在日常生活与繁杂的工作中，人们自然而然地形成了一些不容易改变的小性格。小性格常常会决定人一生的平坦与坎坷、成功与失败、乐观与悲观、得意与失意，因此我们一定要戒除这些不良的性格，培养健康的性格，跨越人生障碍，重新定位你的生活，不要让小性格坏了大事。

嫉妒别人就是自毁形象

嫉妒这种性格虽然是小毛病,但却会给人带来极大的伤害。它是一股祸水,会使你头脑发昏、丧失理智,招来别人的厌恶。因此,你要时时提醒自己,嫉妒别人就是在毁坏自己的良好形象。

卢梭说:"人除了希望自己幸福之外,还喜欢看到别人不幸。"这句话不仅道出人类容易嫉妒的心理,对人类幸灾乐祸的想法更是一针见血。

嫉妒往往源于私心。如果真正大公无私,能全方位考虑问题,就不会产生嫉妒心理。能如此,他人会为你的崇高而由衷地喜悦,并以"见贤思齐"来要求和勉励自己。不嫉妒不仅会激励别人,更能培养自我。

荀子说:"君子以公理克服私欲。"孔子说:"君子明于道义,小人明于势利。"义,是天理所应实行的;利,是人情所应思索的。君子根据天理行事,便没有人欲的私心,所以能泛爱。小人放纵私欲,不明天理,所以嫉恶别人。

嫉妒是一种慢性"毒药",可以使人不辨是非。对人无端生怨,对己则身心俱损。嫉妒是产生"恶毒仇恨"、"无名怒火"的重要根源。嫉妒会毁了自己,也会伤害他人。

有一个画家,他的作品有一定的影响,同时也给自己带来不菲的收入,但他从不看重这些,也不嫉妒他人——他的座右铭是"我永远是个小学徒"。他追求艺术的理想还像童年那样执著单纯,他追求成功但绝不嫉妒比他更成功的人,也许他成功的奥秘正在于此。

而生活中,我们见到最多的却是那些因嫉贤妒能而变得丑陋的人:

"他不比我强,却老受表扬,这次我就不帮他了,看他能比我强到哪里去!"

你知道什么是螃蟹心理吗?你知道渔民们怎样抓螃蟹吗?把盒子的一面打开,开口冲着螃蟹,让它们爬进来,当盒子装满螃蟹后,将开口关上。盒子有底,但是没有盖子。本来螃蟹可以很容易地从盒子里爬出来跑掉,但是由于螃蟹有嫉妒心理,结果一只都不能跑掉。原来当一只螃蟹开始往上爬的时候,另一只螃蟹就把它挤了下来,最终谁也没有爬出去。大家不用想就知道它们的结局:它们都成了餐桌上的美味佳肴。

人一旦嫉妒起来就好像那些螃蟹一样。嫉妒的人以消极的人生观为基础,他们信奉你好我就不好的信条,所以这种心理常常给人际关系带来破坏性的影响。

嫉妒的起因是我们发现别人比我们做得更好,别人比我们拥有的更多。嫉妒有推动力,但是它不能给我们正确的航向。它给我们指明一条道路,但是却让我们去妨碍和伤害别人。还记得《白雪公主》中那个原本很美丽的后母吗?因为嫉妒白雪公主比自己美丽,就狠下毒手,最后自己反倒被气得鼻歪眼斜,成了一个真正的丑女人。用拖别人后腿的方式来赢得胜利或者至少保持不输是非常愚蠢的做法。

嫉妒使我们放弃对自身利益的关注,别人的优势恰好映照出我们的不足。想要完成一个健康完善的自我的塑造,必须要懂得为自己加油。去拖别人的后腿只会使别人和我们一样差劲,而不会使我们获得进步。

嫉妒是发生在自己最熟悉的圈子里的,我们普通老百姓不会去嫉妒国家首脑所拥有的特权、亿万富翁所取得的财富,但我们却不能容忍周围的人超越我们半步,故而这种心理会对我们造成切实的伤害。你只要发现别人进步比你快,运气比你好,你心中便酸溜溜的不舒服,说话也不自觉地尖刻起来,甚至还会做出一些小动作,这样的行为方式谁还会同你在一起互帮互助?到头来只能伤害到自己。

每个人都难免会有些嫉妒心在作祟，因此，看到别人发生不幸，有时候幸灾乐祸的感觉就会油然而生。这种情况，最常发生在那些与我们有利害关系的人身上，因为他们罹祸，我们就会觉得似乎又少了一个竞争的对手了。

但是，我们却忽略了他人在成功之前所付出的汗水与努力。因此，每个人都应该扪心自问：自己是怎么规划人生的？目前自己的工作充满了挑战与成就吗？自己在工作中，能否获得学习与成长的机会？与别人相比，自己是否有一些突出的特质？然后，将自己未来真正想做的事情，或是欲追求的目标记录下来。例如，希望身旁拥有什么样品质的益友？希望从工作中还能多学习到什么知识或技能！未来希望过什么样的生活？请将所有的梦想个体化，目标明确化吧。

当一个人成功的时候，其实往往代表了全人类的成功。爱迪生成功地发明了电灯，莱特兄弟成功地试飞了飞机，爱因斯坦发现了相对论等，这些成功的事例最后都给全人类带来了便利与福音。因此，莫嫉能妒贤，请为他人的成功感到骄傲，为他们喝彩吧！

不要只把嫉妒当成无关紧要的小毛病、小问题，细节可以决定成败，嫉妒之花往往会结出最难以清除的恶果。

你不是宇宙的中心

为人处世中，你若总是过于表现自己，把自己当作宇宙的中心，那么别人就会厌恶你、疏远你。生活中，很多人就因为在这个细节上不注意收敛自己而饱受排斥。所以我们要常常检讨自己的行为与性格，别让微小的错误损害自己。

法国哲学家罗西法古说:"如果你要得到仇人,就表现得比你的朋友优越吧;如果你要得到朋友,就要让你的朋友表现得比你优越。"当我们的朋友表现得比我们优越时,他们就有了一种重要人物的感觉,但是当我们表现得比他们还优越,他们就会产生一种自卑感,形成嫉妒的情绪。

社会上,那些谦让而豁达的人总能赢得更多的朋友。他们善于放下自己的架子,虔诚、恭敬地对待身边的每一个人。反之,那些妄自尊大、高看自己小看别人的人什么事都爱露一手,仿佛就自己行,对别人不屑一顾,总认为,在这个世界上,唯我最大,舍我其谁。因此,只要是涉及到利益重新分配或调整时,他都采取"当仁不让"的态度,什么都想沾,什么都想贪,这样的人到最后都受到了人们的鄙视。正如希腊一位叫希尔泰的学者所说的:"傲慢始终与相当数量的愚蠢结伴而行。傲慢总是在成功即将破灭之时,及时出现。傲慢一现,谋事必败。"

有人认为,喜欢表现、张扬自己是无伤大雅的小节,这种想法真是大错特错了。要知道每个人都希望得到他人的肯定性评价,都在不知不觉地强烈维护着自己的形象和尊严,如果为人处世时过分地显示出高人一等的优越感、目空一切、妄自尊大,那就是在无形之中对对方的自尊和自信进行挑战与轻视,对方的排斥心理乃至敌意也就不知不觉地产生了。

Cinderella 一天辛苦之后酣然入睡。

一位玲珑的天使飞进窗口找上了她,说,聪明的 Cinderella,每个人都应该得到一份适量的聪明和一份适量的愚蠢,可是匆忙中上帝遗漏了你的愚蠢,现在我给你送来了这份礼物。

愚蠢礼物?Cinderella 很不理解。慑于上帝的威严,她接过天使包中的愚蠢,无可奈何地植入脑中。

第二天,她平生第一次讲话露出了破绽,第一次解题费了心思,她

十一、精细的人注重细节:细节决定成败

花了一个早晨记住了一组单词，三五天后却忘了将近一半。她痛恨这份"礼物"。深夜，她偷偷地取出了植脑不深的愚蠢，扔了。

事隔数天，天使来检查它自己做的那份工作，发现给 Cinderella 的那份愚蠢已被扔进了垃圾箱。它第二次飞入 Cinderella 的卧室，义正词严地对她说，这是每个人都必须有的配额，只是或多或少罢了，每一个完整的人都应该这样。

不得已，Cinderella 重新把那份讨厌的愚蠢捡了回来。但是，她太不愿意自己变成一个不很聪明的人了。她把愚蠢嵌进头发，不让进入思维，居然蒙过了天使的耳目。以后，Cinderella 没有遇上一道难题，没有考过一次低分，一直保持着强盛的记忆、出色的思维和优异的成绩。

当然，她也没有了苦役获释的愉快和改正差错后的轻松。更奇怪的是，也没有一个同伴愿意与她一起组队去出席专题辩论，因为她的精彩表现使同伴显得呆若木鸡；也没有哪个人愿意和她做买卖，因为得利赚钱的总是她；也没人与她恋爱，男人们无不怕在她的光环里被对比成傻瓜。连下棋打牌她都十分没劲，来者总是输得伤心。偶尔有一两次她给了点面子，卖个破绽下个软招，也很容易看出是她在暗中放人一马，比她胜了还伤害人的自尊。

她越来越孤独、空乏，真的也希望有份愚蠢了。但是，聪明成性的脑袋，愚蠢是再也植不进去了。她希望能再见上一次天使，可天使已"黄鹤一去不复返"了。

因为只有聪明，Cinderella 在痛苦中熬过单调的一生。

你带着羞怯和歉意告诉世人："大家听着，我知道自己实际上并不这么好，所以我想做得尽量符合你们的要求。"

许多书籍和文章告诉我们应该怎么取悦别人，以得到别人的喜爱。让别人喜欢的方法，就是使自己变得讨人喜欢。所以，你必须顺从别人，不要攻击别人，并且多说别人想听的话。和同事相处的时候，要表现得比较世故；和老同学相处的话，则力求平实。也就是说，在与人相处时要尽量表现出你的谦虚。谦虚，别人才不会认为你会对他构成威胁，才会赢得别人的尊重，从而建立和睦相处的人际关系。

王昆是人事局调配科一位相当得人缘的骨干，按说搞人事调配工作是最得罪人的事，可他却是个例外。但是，在他刚到人事局的那段日子里，在同事中几乎连一个朋友都没有。因为他正春风得意，对自己的机遇和才能非常自信，因此每天都在极力吹嘘他在工作中的成绩，每天有多少人找他请求帮忙等等得意之事。然而同事们听了之后不仅没有人分享他的快乐，反而极不高兴。后来是老父亲一语点破，他才意识到自己的错误。从此，他就很少谈自己的成就而多听同事说话，因为他们也有很多事情要吹嘘。让他们把自己的成就说出来，远比听别人吹嘘更令他们兴奋。后来，每当他有时间与同事闲聊的时候，他总是先让对方滔滔不绝地把他们的成就炫耀出来，与其分享，仅仅在对方问他的时候，才谦虚地表露一下自己。

别把自己摆的太高，为人应该谦逊、自制，这样别人才愿意亲近你，你做事才有帮手。反之，若恃才妄为，高傲自大，人皆远之，你就成了"孤家寡人"了。

妄自尊大和目空一切的结果只能使自己的形象扭曲，在伤害别人的同时也伤害自己。所以，注意收敛自己，也是保护自己的一种策略。

小处更不可随便

古人告诫我们："勿以善小而不为，勿以恶小而为之。"很多人往往能在大奸大恶面前保持自律，但面对小错小失时却常管不住自己。其实小处更能体现一个人的品格，因此千万不能在小处放纵自己。

生活中，普通人很少会犯大过失，因为大过失太明显、影响太大，多少双眼睛盯着呢！而小过失则不然，它不引人注意，有时甚至别人都不会发现，小处随便一点似乎没什么大不了的。然而小事是人一生中最基本的内容，自我形象的定位也正是来自小事的累积。所以小处不能随便，要让良心监督自己，不管事情大小，不论别人知不知道，你所要做到的就是问心无愧。

为人应不愧于人，不畏于天，即使在小事上也应如此。《诗·小雅·何人斯》中说：如果没有做什么有愧于己心的事，那么对于上天也没有什么可怕的。日本经营之神松下幸之助曾这样说道："盲人的眼睛虽然看不见，却很少受伤，反倒是眼睛好的人，动不动就跌跤或撞倒东西。这都是自恃眼睛看得见，而疏忽大意所致。盲人走路非常小心，一步步摸索着前进，脚步稳重，精神专注，像这么稳重的走路方式，明眼人是做不到的。人的一生中，若不希望莫名其妙地受伤或挫败，那么，盲人走路的方式，就颇值得引为借鉴。前途莫测，大家最好还是不要太莽撞才好。"松下这段名言的主旨是要我们凡事三思而后行，谨言慎行。人生的舞台是旋转的、不定的，我们应该慎重地举步落足，堂堂正正，光明正大地为人处世，朝着既定的目标前进。

一个美国游客到泰国曼谷旅行，在一个货摊上他看见了十分可爱的小纪念品，他选中3件纪念品后就问价。女商贩回答是每个100铢。美国游客还价80铢，费尽口舌讲了半天，女商贩就是不同意降价，她说："我每卖出100铢，才能从老板那里得到10铢。如果价格降到80铢，我什么也得不到。"

美国游客眼珠一转，想出一个主意，他对女商贩说："这样吧，你卖给我60铢一个，每件纪念品我额外给你20铢报酬，这样比老板给你的还多，而我也少花了钱。你我双方都能得到好处，行吗？"

美国游客以为这位泰国女商贩会马上答应，但只见她连连摇头。见此情景，美国游客又补充了一句："这只是小事一桩！别担心，你老板不会知道的。"

女商贩听了这话，看着美国游客，更加坚决地摇头说："佛会知道。"

美国游客一时哑然。他为了达到自己的目的，就像钓鱼一样，设了一个诱饵，但女商贩并不上钩，关键在于她深深懂得：商人必须讲究商业道德，正经钱可赚，昧心钱不可得；别人能瞒得住，但良心不可欺。

为人的道理和经商的道理是相通的。"认认真真做事，清清白白做人。"这一句话几乎包含了各种层面的人生活动，比如做官、种田、教书、打仗等等；"清清白白做人"则强调，无论做什么事，都要"对得起天地良心"，于人于己问心无愧，无论处于何种人生情境，无论是别人知道还是别人不知道，做人都要珍视"人"这个崇高的称号，必须保持个人品德的纯洁无瑕。

利用别人不知道而欺骗别人，是一种最大的罪恶。许多奸恶之人大都以"别人不知道"来为自己壮胆，从而干下了许多坏事。天下的坏事可以分为两种情况：一种是利用别人不知道而进行欺骗，一种是虽然别人知道却不害怕。前者还知道有所畏惧，说明他良心未泯，后者就是肆无忌惮了。

《后汉书·杨震传》中记载了一则"杨震四知"的故事。东汉时期，杨震奉命出任东莱太守，中途经过昌邑，昌邑县令王密是由杨震推荐上来的。这天晚上，王密怀揣10斤黄金来拜见杨震，并献上黄金以感谢他往日的提拔。杨震坚决不收，王密说："黑夜没有人知道。"杨震却说："天知、地知、你知、我知，怎么说没有人知道呢？"这则故事不仅仅涉及到了行贿、拒贿的问题。在实际生活中，有多少的小人、奸人、恶人，不都是借着"黑夜没有人知道"的掩护下，干下了大大小小的罪恶勾当？可是，那些在黑暗中干着不可告人勾当的人，不要以为自己在行动时，别人不知晓。其实，天上地下的神明正睁着大眼睛看着你呢！及早回头吧！当然，对于那些干坏事肆无忌惮的人，等待他们的是法律的制裁。

在一个人行动之前，良心起审查和指令作用；在行动中，良心起调整和监督作用；在行动后，良心对行动的后果进行评价和反省；或者满意或者自责，或者愉快或者惭愧。一个人做人能做到问心无愧，能在良心的引导下做事，大致上可以高枕无忧了。也就是谚语说的："为人不做亏心事，半夜不怕鬼敲门。"

不要因为别人不知道就做有愧于心的事，不要因为错误很小就毫不在意，在为人处世中，你必须始终做到问心无愧，这样才能对得起你自己。

小事不必争得太明白

生活中，我们不要一遇事就去争个明白，一些无关紧要的小事就让它过去算了，为此斤斤计较，争论不休反而会损害自己在众人眼中的形象。

寺庙中的两个小和尚为了一件小事吵得不可开交，谁也不肯让谁。第一个小和尚怒气冲冲地去找方丈评理，方丈在静心听完他的话之后，郑重其事地对他说："你说的对！"于是第一个小和尚得意洋洋地跑回去宣扬。第二个小和尚不服气，也跑来找方丈评理，方丈在听完他的叙述之后，也郑重其事地对他说："你说的对！"待第二个小和尚满心欢喜地离开后，一直跟在方丈身旁的第三个小和尚终于忍不住了，他不解地向方丈问道:"方丈,您平时不是教我们要诚实,不可说违背良心的谎话吗?可是您刚才却对两位师兄都说他们是对的,这岂不是违背了您平日的教导吗?"方丈听完之后,不但一点也不生气,反而微笑地对他说:"你说的对!"第三位小和尚此时才恍然大悟,立刻拜谢方丈的教诲。

以每一个人的立场来看,他们都是对的。只不过因为每一个人都坚持自己的想法或意见,无法将心比心、设身处地地去考虑别人的想法,所以没有办法站在别人的立场去为他人着想,冲突与争执也因此就在所难免了。如果能够以一颗善解人意的心,凡事都以"你说的对"来先为别人考虑,那么很多不必要的冲突与争执就可以避免了,做人也一定会更轻松。

因此,凡事都要争个对错的做法并不可取,有时还会带来不必要的麻烦或危害。如当你被别人误会或受到别人指责时,如果你偏要反复解释或还击,结果就有可能越描越黑,事情越闹越大。最好的解决方法是,不妨把心胸放宽一些,没有必要去理会。

比如对于上班族来说,虽然人和人相处总会有摩擦,但是切记要理性处理,不要非得争个你死我活才肯放手。就算你赢了,大家也会对你另眼相看,觉得你是个不给朋友留余地,不尊重他人面子的人,以后大家也会防着你,于是你会失去真正的朋友。而且被你损害了尊严的同事,还可能对你记恨在心,这样你就无意中多了许多敌人,这样做人岂不太傻了吗?

2002年3月,一位旅游者在意大利的卡塔尼山发现一块墓碑,碑文记述了一位名叫布鲁克的人是怎样被老虎吃掉的事件。由于卡塔尼山就在柏拉图游历和讲学的城邦——叙拉古郊外,很多考古学家认为,这块墓碑可能是柏拉图和他的学生们为布鲁克立的。

碑文记述的故事是这样的:布鲁克从雅典去叙拉古游学,经过卡塔

十一、精细的人注重细节:细节决定成败

197

尼山时，发现了一只老虎。进城后，他说，卡塔尼山上有一只老虎。城里没有人相信他，因为在卡塔尼山从来就没人见过老虎。

布鲁克坚持说见到了老虎，并且是一只非常凶猛的虎。可是无论他怎么说，就是没人相信他。最后布鲁克只好说，那我带你们去看，如果见到了真正的虎，你们总该相信了吧？

于是，柏拉图的几个学生跟他上了山，但是转遍山上的每一个角落，却连老虎的一根毛都没有发现。布鲁克对天发誓，说他确实在这棵树下见到了一只老虎。跟去的人就说，你的眼睛肯定被魔鬼蒙住了，你还是不要说见到老虎了，不然城邦里的人会说，叙拉古来了一个撒谎的人。

布鲁克很生气地回答：我怎么会是一个撒谎的人呢？我真的见到了一只老虎。在接下来的日子里，布鲁克为了证明自己的诚实，逢人便说他没有撒谎，他确实见到了老虎。可是说到最后，人们不仅见了他就躲，而且背后都叫他疯子。布鲁克来叙拉古游学，本来是想成为一位有学问的人，现在却被认为是一个疯子和撒谎者，这实在让他不能忍受。为了证明自己确实见到了老虎，在到达叙拉古的第10天，布鲁克买了一支猎枪来到卡塔尼山。他要找到那只老虎，并把那只老虎打死，带回叙拉古，让全城的人看看，他并没有说谎。

可是这一去，他就再也没有回来。三天后，人们在山中发现一堆破碎的衣服和布鲁克的一只脚。经城邦法官验证，他是被一只重量至少在500磅左右的老虎吃掉的。布鲁克在这座山上确实见到过一只老虎，他真的没有撒谎。布鲁克在这场争论中取得了胜利，不过代价却是他宝贵的生命。

急于证明自己清白而为一些小事一争到底的人是愚蠢的，这样做只会白白地损害自己的形象，惹人耻笑。如果你能更大度一点，对这些无关紧要的小事一笑置之，那么你一定会赢得更多人的尊敬。

放弃凡事争个明白的傻念头吧，真正的智者从不会为小事斤斤计较，他们总是坚持走自己的路，不管别人怎样评说，而时间最后总会证明他们是正确的。

马虎轻率误大事

生活中，很多人都有马虎轻率的小习惯、小毛病，他们的口头禅是"马马虎虎过得去就行了！"他们不知道马虎轻率是成功的致命杀手，它不但会妨碍你取得成功，甚至还会毁掉你已取得的成就。

一件小事，你要干漂亮了，它就能成就你的人生。然而，你要不把它当回事儿，它也能给你带来刻骨铭心的教训。

当巴西海顺远洋运输公司派出的救援船到达出事地点时，"环大西洋"号海轮消失了，21名船员不见了，海面上只有一个救生电台有节奏地发着求救的摩氏码。救援人员看着平静的大海发呆，谁也想不明白在这个海况极好的地方到底发生了什么，从而导致这条最先进的船沉没。这时有人发现电台下面绑着一个密封的瓶子，打开瓶子，里面有一张纸条，21种笔迹，上面这样写着：

一水理查德：3月21日，我在奥克兰港私自买了一个台灯，想给妻子写信时照明用。

二副瑟曼：我看见理查德拿着台灯回舱，说了句这个台灯底座轻，船晃时别让它倒下来，但没有干涉。

三副帕蒂：3月21日下午船离港，我发现救生筏施放器有问题，就将救生筏绑在架子上。

二水戴维斯：离港检查时，发现水手区的闭门器损坏，用铁丝将门

十一、精细的人注重细节：细节决定成败

199

绑牢。

二管轮安特耳：我检查消防设施时，发现水手区的消防栓锈蚀，心想还有几天就到码头了，到时候再换。

船长麦凯姆：启航时，工作繁忙，没有看甲板部和轮机部的安全检查报告。

机匠丹尼尔：3月21日下午理查德和苏勒的房间消防探头连续报警。我和瓦尔特进去后，未发现火苗，判定探头误报警，拆掉交给惠特曼，要求换新的。

机匠瓦尔特：我就是瓦尔特。

大管轮惠特曼：我说正忙着，等一会儿拿给你们。

服务生斯科尼：3月23日13点到理查德房间找他，他不在，坐了一会儿，随手开了他的台灯。

大副克姆普：3月23日13点半，带苏勒和罗伯特进行安全巡视，没有进理查德和苏勒的房间，说了句"你们的房间自己进去看看"。

一水苏勒：我笑了笑，没有进房间。

一水罗伯特：我也没有进房间，跟在苏勒后面。

机电长科恩：3月23日14点我发现跳闸了，因为这是以前也出现过的现象，没多想，就将闸合上，没有查明原因。

三管轮马辛：感到空气不好，先打电话到厨房，证明没有问题后，又让机舱打开通风阀。

大厨史若：我接马辛电话时，开玩笑说，我们在这里有什么问题？你还不来帮我们做饭？然后问乌苏拉："我们这里都安全吧？"

二厨乌苏拉：我回答，我也感觉空气不好，但觉得我们这里很安全，就继续做饭。

机匠努波：我接到马辛电话后，打开通风阀。

管事戴思蒙：14时半，我召集所有不在岗位的人到厨房帮忙做饭，晚上会餐。

医生莫里斯：我没有巡诊。

电工荷尔因：晚上我值班时跑进了餐厅。

最后是船长麦凯姆写的话：19点半发现火灾时，理查德和苏勒房间已经烧穿，一切糟糕透了，我们没有办法控制火情，而且火越来越大，直到整条船上都是火。我们每个人都犯了一点错误，但酿成了船毁人亡的大错。

看完这张绝笔纸条，救援人员谁也没说话，海面上死一样的寂静，大家仿佛清晰地看到了整个事故的过程。

巴西海顺远洋运输公司的每个人都知道这个故事。此后的40年，这个公司再没有发生一起海难。

有些人在工作中经常犯马虎轻率的毛病，他们觉得任务完成得差不多，凑凑合合就行了，完全没有必要在一些细节上费工夫，磨时间。他们这种毛病一旦成为习惯，就开始不分轻重地忽视所有工作中的细节问题。有时候在一些细节问题上出了错，他们也会认为是小错误、小疏忽，根本无足轻重，不会对整个大局构成危害。你若是善意地批评他们或是规劝他们改正，他们甚至理直气壮地认为："大礼不辞小让，做大事不拘小节，我是要做一番大事业的人，在大刀阔斧地行事，哪能婆婆妈妈，顾及那些细枝末节的问题呀！"这真是让人哭笑不得。当然，有雄心壮志，希望通过努力工作来创造一番事业是一件好事，但是那不能成为你马虎轻率、粗枝大叶的理由。睿智的所罗门国王曾经说过："万事皆因小事而起，你轻视它，它一定会让你吃大亏的。"

有没有发现，越是专业的人越懂得关注细节。也正是那些细节，造成了最终结果的不同。在习惯了的工作中，能够发现值得关注和提升的小事，并能在它们变成大事之前予以解决，这就是学习力。

在日渐浮躁的商业社会，希望获得更好结果的人们，总是无休止地

追逐下一个目标，至于过程中的"小"问题，似乎谁都懒得去理会，但他们恰恰忘记了这正是可以带来好结果的关键所在。难怪连前任美国国务卿鲍威尔也会把"注重细节"当做他的人生信条呢。

除非你对职业前景并不抱什么希望，否则建议你好好留意这几点：

（1）没有什么"小事"，只要是构成结果的一部分，都值得你去重视。

（2）关注工作流程，只要认为目前还未达到最佳效率，细节就应该关注。

（3）差距往往来自细节，造成不同结果的，往往是容易被忽略的小事。

当然，许多小事也确实易于被人疏忽，这就需要我们平时努力去克服。只要我们在意识中对它们有充分的警戒心，就能够注意并克服掉马虎粗心的恶习。时刻对马虎轻率保持高度的警惕心，并养成细心严谨的工作态度，时间长了就会形成细心严谨的工作作风进而形成你的良好习惯和优秀素质，而"习惯常常决定一个人的成败"。有的人可能会说："我生性就是粗枝大叶，大大咧咧，马虎粗心是天性所至，我也不想这样，可是我很难做到细心谨慎怎么办呀？"其实完全不必担心，世上没有十全十美的人，即使是那些功成名就的伟人，他们一开始也是有这样那样的缺陷的，有了缺陷不可怕，只要改掉就行，而且他们也都是这样做到的，最终成就了自己的一番事业。

所以有时候不要认为你自己不能改掉这种恶习，如果你总是这样想，它就成了你不去改这个恶习的借口。如果你不想也不去克服掉这个恶习，你当然就无法成功，因为马虎轻率是成功的致命杀手，它不但会让你不能继续获得未来的成功，甚至还能毁掉你已经取得的成就。这个过程，马虎轻率只要瞬间，而你以前的成就却是辛辛苦苦奋斗了多少年的结果！因为马虎粗心，你就不可能在工作中做到精益求精、尽善尽美。尽管从客观来说你工作确实很努力，很敬业，但是你的工作成果却总是不能让人满意，总是与目标之间有一点点差距，而这个差距只要你再付出一点点精力和努力就能达到，而你却没有做到。长此以往，你的上司就会对你失望，对你不信任不放心，甚至怀有戒备之心。你想想你在公司还有发展的前途吗？还有出头之日吗？严重的是，你能否保住这个工作都是一个未知数。因此，不管粗心是天性所致也好，是后天养成的恶习也罢，只要你是追求成功，拥有远大理想的人，只要你下定决心，相信自己，就一定能够克服这个坏毛病。

马虎轻率所带来的小错误、小疏忽的可怕之处在于它们不会停留在原地，而是接着带来毁灭性的危害，因此，我们一定要培养自己一丝不苟的精神，即使一件小事也要认真仔细地对待。

耍"小聪明"会让自己吃亏

在职场上做久后，一些人开始养成了投机取巧的习惯，在他们看来给别人工作耍点"小聪明"是天经地义的事，何必太认真呢？然而成功是一步一个脚印走出来的，耍"小聪明"只能得到一时之利，但却会拉开你与成功的距离。

其实在我们的周围，有很多人本身具有达到成功的才智，可是每次他们都是与成功失之交臂，于是觉得老天对他们不公平，怨天尤人。其实他们有没有认真地检讨过自己呢？总是不愿意踏踏实实地去做好自己的本职工作，总是期望很多，付出很少，内心里不屑于去做他们心中的"一般的小事"，认为他们被大材小用。因为认为是小事，他们就开始耍起小聪明，投机取巧，得以蒙混过关。但是他们有没有静下来想过：

能蒙得过一次、两次，能总是混过去吗？一旦让老板察觉，就会留下极坏的印象。建立一个好的印象需要长期的考察，而留下坏印象的形成却在一瞬之间。而且坏印象的改变是很难的，犹如一张白纸，整张白纸的白不如上面一个墨点的黑给你留下的印象深。即使老板这一次原谅了你，但是老板以后就可能不再信任你，因为你的品格在他的心目中已经打了一个折扣。所以总有人觉得与成功无缘，总是怨天尤人，抱怨老板不识人才，只把一些零碎小事交给他们，不给他们施展才华的机会。其实，真正的原因不是老板不把机会给他们，而是他们自己把机会拒之门外。在老板的心中，他以往的投机取巧已经被打上不踏实、不可靠、不能委以重任的印记。在一个公司中，如果再也没有机会从事重要业务，何以谈将来？何以谈前途？

这是不是说就可以在同事面前耍"小聪明"了呢？当然不是这样。如果你要冒险这么干的话，结果还是一样：老板、同事，谁也不会信任你。

张阳是一家大公司的高级职员，平时工作积极主动，表现很好，待人也热情大方。但有一天，一个小小的动作却使他的形象在同事眼中一落千丈。那一次是在会议室里，当时好多人都等着开会，其中一位同事发现地板有些脏，便主动拖起地来。而张阳似乎有些身体不舒服，一直站在窗台边往楼下看。突然，他走过来，一定要拿过那位同事手中的拖把。本来差不多已拖完了，不再需要他的帮忙，可张阳却执意要求，那位同事只好把拖把给了他。刚过半分钟，总经理推门而入，看到他正拿着拖把勤勤恳恳、一丝不苟地拖着地。这一切似乎不言而喻了。从此，大家再看张阳时，顿觉他很虚伪，以前的良好形象被这一个小动作一扫而光。

事情如果到此为止也就罢了，可现实总不会这样完结的。在会议室的众多职员中，有一个刚好是总经理的亲戚。就像我们猜测的一样，张阳以后再也没有被重用过。

想一想这样下去是多么可怕的结果，被老板识破"小聪明"后，这些人就辞职，到另外一个公司，于是同样的戏剧又开始上演，只不过是换了一个地方，换了一个时间。许多年后，别人都已经创下自己的事业，打下一片江山，他们却只能想：我要去的下一个公司是哪里？也许最后觉得人生可悲，决定从头做起，可已经物是人非，多少机会已经失去！

马昆在学校里是一个很活跃的人，一直被朋友们十分看好。可是让朋友们吃惊的是，都毕业几年了，马昆还是经常跑人才市场。而让朋友们大跌眼镜的是上学时默默无闻的孙亮，此时已经成为一家日化用品公司在华北地区的市场总监。

这是怎么回事呢？让我们先看看他们这几年的工作经历。

离开学校后，马昆应聘做了一家宾馆的大堂经理。由于爱耍些"小聪明"，所以刚开始挺受重用。可过不多久，他的那些"西洋镜"都被一一拆穿，老板马上就将他"冷冻"起来。无奈之下，马昆只好卷铺盖走人。

之后，马昆又进了一家中德合资企业。德国人严谨实干的作风当然又是马昆不能"忍受"的。

新加坡人、日本人、美国人……这几年，马昆的老板都可以组成一个"地球村"了，可马昆却还是在职场游荡。

孙亮则不同。大学毕业后他就进了这家日化公司的销售部。之后，他勤奋工作，默默地积累工作经验。他对行业渠道的熟悉程度使上司很是赏识，对公司产品更是了然于胸。他的才干很快得到上司的肯定，当该公司华北地区市场总监的位子空缺后，公司总部就让他顶了上去。

他们的经历真像某位大学生所说的："毕业以后，我们发现了彼此的不同，水底的鱼浮到了水面，水面的鱼沉到了水底。"

如果你本身就有一定的才干，又加上你勤奋踏实，肯吃苦，不管大事小事，只要是自己的工作，你都是事无巨细，悉心尽力，力求完美，不断地为自己设定更高的目标，监督自己，激励自己，精益求精，那么只要你保持这种优良的品质，不管在什么岗位上，你都是杰出的。老板会在内心暗暗地赞许你，渐渐地把企业的核心业务交到你的手上，培养你，在一次次与重大业务的交锋中，你才能得以升华，老板最终自然会对你委以重任。而且你周围的同事因为你有满腹的才华，勤奋扎实，兼之老板赏识，自然会对你刮目相看，并因而喜欢你而愿意与你接近，给你力所能及的帮助。这样，在老板心目中你是可以被委以重任的人才，在同事的心目中你是有才华更是让人喜欢的人。

　　外国人说："贪睡的狐狸抓不到鸡。"中国人说："早起的鸟儿有虫吃。"这些其实都是告诫我们要勤奋踏实。所有的成功都是用汗水和心血浸泡着的，每一个成功者都付出了不菲的汗水。

　　踏实是"以不变应万变"的良方，它能够把大量稍纵即逝的机会变成实实在在的成果。

　　踏实应该成为你人生的主旋律之一，踏实应该为你的过去、现在和将来的发展打下坚实的基础，踏实应该成为你的作风，"踏踏实实做事，老老实实做人"应该成为你的座右铭。

　　不要再让投机取巧的习惯左右你了，成功的人，都是脚踏实地的人。如果你不能做到认真对待工作，那么即便你学识再高，本领再大，也绝不会有出人头地的一天。

眼高手低会离成功越来越远

很多人容易养成好高骛远的坏习惯。仅有远大理想，眼高手低，不能脚踏实地的人，他的理想也就无从实现。如果不及早纠正眼高手低的小毛病，那么你的梦想就会变为空想。

有些人总是有很宏大的梦想，他们不屑于眼前的这些小事。旁人在他们眼中，也大多是一群庸庸碌碌之辈，谈不上有什么共同语言。但在最初交往时，人们往往会被他们表面的雄心壮志所迷惑，老板也会认为他们是难得的栋梁之材。而事实上，他们眼高手低，大部分时间都沉浸在自己宏伟的梦想中，长此以往，他们不能也不会做出什么成就，曾经的雄心壮志难免会变成同事们茶余饭后的笑料。除非他们幡然悔悟、奋起直追，否则，等待他们的往往是慢慢沉沦，或者跳到其他的公司去继续发牢骚，即使这样，同样的悲剧也难免再次上演。

郭英毕业于某大学外语系，她一心想进入大型的外资企业，最后却不得不到一家成立不到半年的小公司"栖身"。心高气傲的郭英根本没把这家小公司放在眼里，她想利用试用期"骑马找马"。

在郭英看来，这里的一切都不顺眼——不修边幅的老板，不完善的管理制度，土里土气的同事……自己梦想中的工作可完全不是这么回事啊。"怎么回事？""什么破公司？""整理文档这样的小事怎么让我这个外语系的高材生做呢？""这么简单的文件必须得我翻译吗？""就一篇小报告而已，为什么自己不写要我帮忙呢？""噢，我受不了了！"

就这样，郭英天天抱怨老板和同事，双眉不展、牢骚不停，而实际的工作却常常是能拖则拖，能躲就躲，因为这些"芝麻绿豆的小事"

根本就不在她的思考范围之内，她梦想中的工作应该是一言定千金的那种。唉，梦想为什么那么远呢。

试用期很快过去，老板认真地对她说："我们认为，你确实是个人才，但你似乎并不喜欢在我们这种小公司里工作，因此，对手边的工作敷衍了事。既然如此，我们也没有理由挽留你。对不起，请另谋高就吧！"

被辞退的郭英这才清醒过来，当初自己应聘到这家公司也是费了不少力气的，而且，就眼前的就业形势，再找一份像这样的工作也很困难啊。初次工作就以"翻船"而告终，这让郭英万分失望与后悔，可一切都已晚矣！

在工作时，许多年轻人念念不忘高位、高薪，并且认为：英雄须有用武之地。然而当他们负责具体工作时，又会从心底说："如此枯燥、单调的工作，如此毫无前途的职业，根本不值得自己付出全部心血！"当他们面对细微工作时，通常会说："这种平庸的工作，做得再好又有什么意义呢？"渐渐地，他们开始轻视自己的工作，开始厌倦生活。

年轻人普遍存在的一个问题：好高骛远。实际生活中，却需要我们脚踏实地，时时衡量自己的实力，不断调整自己的方向，一步一步达到自己的目标。

但凡在事业上取得一定成就的人，大都是从简单的工作和低微的职位上一步一步走上来的。他们总能在一些细小的事情中找到个人成长的支点，不断调整自己的心态，用恒久的努力打破困境，走向卓越与伟大。

而"眼高手低"只会让你永远站在起点，无法到达终点。

年轻人应该像哥伦布那样，努力去发现自己的新大陆。沉湎于过去或者深陷于对未来的空想是没有前途的。你正在从事的职业和手边正在进行的工作，是你成功之花的土壤，只有将这些工作做得比别人更完美，才有可能将寻常变成非凡。

维斯卡亚公司是上世纪80年代美国最为著名的机械制造公司，其产品销往全世界，并代表着当时重型机械制造业的最高水平。许多人毕业后到该公司求职遭拒绝，因为该公司的高级技术人员爆满，不再需要各种高技术人才。但是优厚的待遇和足以让自己自豪、向他人炫耀的职位，仍然向那些有志的求职者闪烁着诱人的光环。

科曼是哈佛大学机械制造业的高材生，和许多人的命运一样，他在该公司每年一次的用人测试会上被拒绝了。科曼并没有死心，他发誓一定要进入维斯卡亚重型机械制造公司，于是，他采取了一个特殊的策略——假装自己一无所长。他先找到公司人事部，提出为该公司无偿提供劳动力，请求公司分派给他任何工作。公司起初觉得这简直是不可思议，但考虑到不用任何花费，简直是天上掉馅饼，于是便分派他去打扫车间里的废铁屑。一年中，科曼勤勤恳恳地重复着这种简单而劳累的工作。为了糊口，下班后他还要去酒吧打工。这样，虽然得到老板及工人们的好感，但是仍然没有一个人提到录用他的问题。

不久后，公司遇到了一场危机，许多订单纷纷被退回，理由均是产品质量问题，为此公司将蒙受巨大的损失。公司董事会为了挽救颓势，紧急召开会议商议对策，当会议进行一大半却毫无进展时，科曼闯入会议室。在会上，科曼对这一问题出现的原因做了令人信服的解释，并且就工程技术上的问题提出了自己的看法，随后拿出了自己对产品的改进设计图。他的这个设计非常先进，恰到好处地保留了原来机械的优点，又克服了已出现的弊病。

总经理及董事会的董事见到这个编外清洁工如此精明在行，便询问他的背景以及现状，科曼当即被聘为公司负责生产技术的副总经理。原来，科曼在做清扫工时，细心察看了整个公司各部门的生产情况，并一一做了详细记录，发现了所存在的技术性问题并想出了解决的办法。为此，他花了近一年的时间搞设计，获得了大量的统计数据，为最后一鸣惊人奠定了基础。

年轻人当有远大志向，才可能成为杰出的人物。但要成为杰出人物，光是心高气盛还远远不够，还必须从最不起眼的事情做起。

饭是要一口一口吃的，活是要一步一步干的，无数的小事将铸成大事，一天一天的成就将会砌成你梦想的大厦。

在我们的生活中，几乎每个人都有自己的梦想。有梦想并不是坏事，关键是要找对方法，并努力去实现它。如果我们想在公司里出人头地，就应该将自己的梦想与公司的发展结合在一起。我们要从现在的任务做起，一步步认真而又执著地做下去；我们要认真地去拜访客户、调查市场，而且，无论做什么，都要由始至终在脑海中保持着梦想的远景。只有这样，我们才能把注意力集中在现在需要做的事情上，同时也与我们的梦想保持密切联系，使我们的每一次行动都在向心中的目标前进。当我们集中精力处理当前事务的时候，我们就已经开始成长。实现未来梦想的第一步，就是把当前的工作尽力做好，然后再满怀信心地去做下一个。

这样一来，不但你的心中会时时充满对工作的热爱，你也一定能在工作中体会到无穷的乐趣，逐渐取得越来越大的成就。当你的能力逐渐超过现在职位需要的时候，你就可以充满自信地向更高的职位前进了。一个成功的人无论对于工作还是生活都是心存感激的，而且内心永远会保持自己的理想。与其天天做白日梦或者失意地愤而退出，不如集中精力并且扎扎实实地努力工作，只有这样，才能更快更好地让你的梦想变成现实。到那时，周围的人一定会对你刮目相看，你将会充分实现自己的梦想和价值。

每个人都应该有理想，但理想一定要切合实际。更重要的是，你要脚踏实地，在一件件最不起眼的小事里慢慢积累成功的资本。千里之行始于足下，如果你正怀抱着宏伟的梦想，那么就从眼前的小事做起吧！

# 十二、自制的人把握自己：

掌控自己的时间和生活

也许你无端地受到了指责和误解；也许你一招不慎，在人生之路上迷失了方向，也许你的心正受着痛苦的煎熬，你的精神正在崩溃的边缘徘徊。但是千万要记住冷静面对，学会控制，要知道，上帝欲毁灭一个人，必先使其疯狂。一个善于自制的人，他肯定能掌控自己的生活和时间，成就一番惊人的伟业！

别让奸诈主宰你的性格走向

一个人若能心胸坦荡、很好地把握住自己，一定会有一番大作为。然而，若是性格暴躁，心地不端，那么本来拥有的善于谋划的优势，就会被用错地方，变成不择手段，坑害别人的阴谋。这样的人往往被其野心和忌妒心所影响，为了达到自己的目的，不惜铤而走险，结果只能是害人毁己。

历史上，战国时期的庞涓也算是一个有勇有谋的人，然而，他因为生性忌妒，把其本应用在战场上的智慧变成了算计别人的卑下手段，最终落得个悲惨的下场。

春秋末期，韩、赵、魏三家分晋。其中魏国势力最为强大，魏惠王野心勃勃，意图称霸天下，于是四处招贤纳士，收拢人才。

庞涓和孙膑同为当世高人鬼谷子的学生。两人在鬼谷子的指导之下，文韬武略无所不习，成为当时的奇才。但庞涓为人较为心浮气躁，在学艺未得大成之时，便急欲立功扬名。于是便下山投奔魏王。在魏国，庞涓深得魏惠王信任，授封为大将军。他将学得的本领来训练兵马，在与卫、宋、鲁、齐等国的交战中，屡战屡胜，备受魏国朝野尊重。

不久，孙膑也学成下山。他德才兼备，智谋非凡，是个百世难遇的奇才。下山之初，因为没有根基，所以孙膑也前往魏国，魏惠王得到消息，便征询庞涓的意见。庞涓心知自身逊孙膑一筹，便说："孙膑是齐国人，我们如今正与齐国为敌，他若来了，恐怕有所不妥。"魏王说："如此说来，外国人就不能用了？"庞涓无奈，只得同意让孙膑前来。

孙膑来到魏国，一谈之下，魏王就知道孙膑更有将帅之才。就想拜他为副军师，协助庞涓行事。庞涓听了忙说："孙膑是我的兄长，才能又比我强，岂可在我的手下？不如先让他做个客卿，等他立了功，我再让位于他。"实际上，这是个计谋。庞涓是为了不让孙膑与之争权，然后再伺机陷害。而孙膑还以为庞涓一片真心，对他十分感激。

庞涓原以为孙膑一家人都在齐国，因而不会在魏国久留，便试探着问他："你怎么不把家里人接来同住呢？"孙膑说："家里人非亡即散，哪里还能接来呢？"庞涓一听，顿时一惊。如果孙膑真在魏国待下去，自己的地位可真是岌岌可危了。

事后，一个齐国人捎来了孙膑的家书，大意是让他回去。孙膑回了一封信，言称自己已在魏国做了客卿，不能随便走。凑巧的是孙膑的回信竟被魏国人搜出来，呈给了魏王。魏王便问庞涓如何处置此事。庞涓一见机会来了，应答道："孙膑是大有才能之人，如果回到齐国，对魏国十分不利。我先去劝劝，如果他愿意留下，那就罢了，如果不愿意，那就交由我来处理。"魏王点头答应。

庞涓当然没有劝孙膑，而是对他说："听说你收到一封家信，怎么不回去看看呢？"孙膑说："只怕不妥。"庞涓大包大揽，劝孙膑可放心探亲，孙膑颇为感动。第二天，孙膑便向魏王告假。

魏王一听孙膑要回乡，便称他私通齐国，命庞涓审问。庞涓故作惊讶，先放了孙膑，又伪装向魏王求情。尔后，又神色慌张向孙膑解释，他费了九牛二虎之力才保住了孙膑的性命，但黥刑和膑刑却不能免除。于是，孙膑脸上被刺字，膝盖被剔，终身残废，只好依靠庞涓过日子。

这正中庞涓的下怀。庞涓认为，孙膑变成终生残废，便无法再出仕做官，不会妨碍自己的前途。同时，他又可以把孙膑作为"奇货"控制起来，养在庞府，以便利用他的智慧，为自己效劳。而孙膑还天真地认为是庞涓救了自己的性命，遂立志刻写祖传兵法欲送庞涓，以感谢他的恩德。

庞涓派来的侍者看到孙膑的诚实，深为敬佩，而看到他遭受的不白之冤又极为同情，于是将庞涓的所作所为全部告诉了孙膑。直到此时，孙膑才如梦初醒，看清了庞涓的阴险嘴脸。

具有雄才大略的孙膑，刚要实现他的理想，竟突然遭此横祸，被人暗算，身陷逆境，好不凄惨。但是，孙膑毕竟是个意志非凡的人，他不仅没有向恶势力屈服，反而更加发愤图强。他设法摆脱庞涓的监视暗暗地钻研兵法，准备有朝一日逃离虎口，用自己的知识和智慧报仇雪耻。

经过一番认真思考，孙膑只好装疯以自救，大喊大叫，烧掉了已经写出的兵书。庞涓以为他真的疯了，无可奈何。

过了一些时候，齐国的使者来到魏国。孙膑乘人不备，暗暗去见齐使，他以刑徒的身份、惊人的才华和慷慨陈词，打动了使者的心。使者与他秘密约定，临行时偷偷用车把孙膑带回了齐国。

孙膑来到齐国，受到齐威王、将军田忌的热情接待。在交谈时，孙膑较系统地阐述了他的军事理论。齐威王听了孙膑的论述，深为他的精辟见解所吸引。

齐威王认为孙膑是个不可多得的奇才，便要拜他为大将。孙膑不愿显居其名，辞谢说："我是个受刑的残废之人，怎么能做大将呢？大王还是以田将军为大将，我可以协助将军作计谋。"

齐威王接受了孙膑的意见，任命他做齐国的军师。通过赛马谈兵，孙膑一鸣惊人，由一个刑余之人，一跃成为一个大国军队的统帅。从此孙膑在战国七雄争立的角逐中，开始崭露头角，大显身手。最后在马陵之战中杀死了庞涓，报了深仇大恨。庞涓以前所犯罪孽，终得报应：身败名裂，客死他乡。

一个人最怕的就是把自己的智慧用错了地方，让奸诈主宰了自己的性格走向。如果能发挥自己性格的优势，正确运用自己的智谋，那么，不但能避免祸事，更能赢得美好的前景。

自我封闭的性格要不得

中国有句"少年老成"的成语，用来赞扬那些看起来不动声色、善于掩盖自己真情实感的年轻人。过于沉重的历史负担和种种无形的陈规陋习，使许多人误以为冷淡和不显露感情是成熟的标志。我们所受的早期教育总是要求我们刻意修饰自己的形象，要显得稳重并循规蹈矩。我们日益变得只相信"规范"、"责任"等抽象的概念，终日受到种种担忧顾虑的干扰和威胁，而不再倾听或竭力回避着自己内心的呼唤。人们总是担心遭受这样的议论："那个人总像一个孩子，永远也长不大了。"

过分地、浮夸地表现感情并不可取，但我们不能因此对生活中真正打动我们内心的人和事也装作视而不见。把感情封闭起来，戴上所谓成年人的千篇一律的面具去生活，只会使我们的生活腐败变质。人类的内心世界是由感情凝结而成的，所以我们才能在邻居或朋友之间建立起诚挚的友谊，才能在夫妻间建立起成功美满的婚姻和家庭，社会也才能通过感情的纽带协调运转。真挚的感情无影无形，但它却比任何实际的东西都更有价值。正因为如此，寻找失落的童年时的笑声和真情也才会成为人们历尽磨难后的梦想。

自我封闭的性格不仅使我们的生活变得寂寞、沉重、多疑和孤僻，而且使我们一度拥有的创造能力丧失殆尽。与成年人相反，儿童更多的是使用脑的右半球，那是人的智慧中枢和想象力、创造力的发源地。左脑半球是人的逻辑中枢，储存着成人后掌握的种种规范和观念。左半脑的发展压抑了右脑半球的活动，人们不再能无忧无虑地创造自己的生活了，欧洲画坛大师马蒂斯大声疾呼，艺术家一辈子都应该像孩子一样去看

世界,"因为丧失这种能力,就意味着同时丧失了每一个独创性的表现"。

天性开朗、热情、奔放的人根本就没有必要追求少年老成的效果,以致于制造出一副扭曲的性格,它比肢体的残疾更要令人悲哀。装出一副老于世故的外表和麻木不仁的面孔去迎合某种观念和大众化的口味,是脆弱、怯懦的表现。走出自我封闭的圈子,注意倾听自己心灵的声音并大胆表现它,是美好和幸福的。当我们要压抑自己的感情,想把它封闭起来时,我们有必要反躬自问:我怕的是什么?我为什么不能更自由、更真实地生活在世界上,而不是在面具里?

很多有所作为的人都不掩饰自己的真情。罗斯福会发出孩子般爽朗的笑声;丘吉尔会为了区区小事就大失身份地和自己的男仆争吵起来;列夫·托尔斯泰听柴可夫斯基弹琴时当众流出了泪水;大书法家米芾给友人写信写到"芾再拜"时,竟恭恭敬敬地站起身来,向桌子拜了下去。用世俗、功利的眼睛又怎么可能理解这些名人的率真行为?

罗斯福总统的夫人艾莲娜有一次犹豫不决,下不了决心是否去做某件事,她向经济学家巴鲁克请教:"我的头脑叫我去做,可我的心叫我不要做。"巴鲁克的忠告是:"有疑问时,遵从你的心。如果因为遵从你的心而做错了事,不会觉得太难过。"为了你生活得更快乐、更有意义,请你摘下成年人的脸谱,重新审视自己的内心,还原自己的性格本性吧。

把握性格优势最重要

很多人虽然性格都差不多,但是如何利用性格的优势却大相径庭。大家都知道,在我们的身上,往往不只有一种性格存在。如有的人虽然性格敏感，但他也具有谨慎的性格。而且某一种性格在不同的时间，不同的环境中所产生的效果都不一样。譬如说，具有冒险性格的人在创业初期往往能够把握住别人所不敢攫取的机会，但是到创业中期时，又往往因过于冒险而深陷囹圄。

20世纪90年代，国内企业界的风云人物可以说非史玉柱莫属。他在1991年与人合资成立了巨人新技术公司，1992年把公司迁往珠海，成立了巨人高科技集团公司，此时的注册资金已经达到了1.19亿元。

史玉柱在一年里成为百万富翁，两年后成为千万富翁，三年后成为亿万富翁。他领导下的巨人集团创造了年增长30%的经济奇迹，资产总额很快飙升到10亿元。1994年史玉柱当选为"中国十大改革风云人物"。

1995年，《福布斯》杂志把史玉柱列为中国大陆前20名富翁的第8位，他也是当时唯一一位靠高科技起家的企业家。果敢大胆的性格，使史玉柱的事业迅速壮大。同样，由于他的大胆，使他决定建造70层的巨人大厦。这一脱离了实际的计划给他带来了严重的财务危机，集团资金运转不灵，恶性债务缠身，并以此为导火索，导致整个公司一蹶不振。

应该说，史玉柱是商界少有的奇才。他的冒险精神成就了他的大业，但同时也为后来的挫折埋下了伏笔。他的成功与失败说明了在不同的时期，不同的环境中，人只有主宰自己的各种性格优势，才能主宰自己的命运。

2000年7月17日，《福布斯》杂志的封面故事这样描写一个中国的企业家：深凹的颧骨，卷曲的头发，淘气的露齿笑，一个5英尺高、100磅重的顽童模样。

然而，就是这样一个"怪怪"的人，成功地做到了很多自认为聪明的人无法办到的事：他是中国第一个对互联网的商业用途做出探索的

十二、自制的人把握自己：掌控自己的时间和生活

人,并因此被国外媒体称为 Mr. internet;他创办了世界上最大的电子交易网站。他是国内第一个登上《福布斯》封面的经济人物,他的公司被哈佛、斯坦福等著名商学院选为案例;2003 年 7 月英国首相布莱尔来访上海时点名要求见面的六位企业家中,他是其中一位。

他就是马云。

1964 年,马云出生于杭州一个贫困的家庭里。

大学毕业后,马云进入杭州电子工业学院教英语。在课堂上,他的教学模式和其他老师不同,他很少带教案,喜欢随心所欲地坐在讲台上授课,这一举动在当时被同行视为异类,但却被学生喜欢得不行。

1995 年,马云到了而立之年,这一年他被评为杭州十大杰出青年教师,校长还许诺给他外办主任的位置。但生性活跃的马云对这些别人梦寐以求的东西毫无兴趣,他开始了深深的思考,他认为自己的性格是那种敢于尝试,敢于冒险的类型,而且自己善于言谈,沟通能力强,渴望做有挑战性的工作,自我创业倒是更符合自己的性格。于是,他立马不干,主动辞职了。

如果说当时马云没有对自己的性格进行一番准确的定位,没有找到自己的性格优势,那么在芸芸众生的大千世界就会多了一位平凡的教师,而少了一个叱咤网络界的经济奇才。

有了创业的想法,一直相信"时不我待,舍我其谁"的马云就立即开始了自己的行动!他找了个学自动化的"拍档",加上妻子,一共三人,怀揣两万元启动资金,租了间房,就开始创业了。1995 年 4 月,马云成立了中国黄页互联网公司——海博网络,做"中国黄页"业务。

最初,"中国黄页"的业务形式主要是专门给企业做主页,一张主页 2000 字,一张彩照,中英文对照,收费 2 万元人民币。在公司成立后的很长时间里,为了推广"中国黄页",马云经常在杭州街头的大排档里宣传推销自己的"伟大"计划,旁边有一大群人围着他,被他滔滔不绝的口才说得一愣一愣的。在这种最简单、最原始的广告宣传中，马云那种表现型的性格被有效地发挥出来。

就这样，表现能力强、爱挑战的马云每天出门对人讲互联网的神奇，请他们同意付钱并把企业的资料放到网上去。他在全国27个城市一个一个地开拓业务，在所有没有互联网的城市，他们都视马云为骗子。但马云仍然像疯子一样不屈不挠，他天天出门跟人侃互联网，说服客户，说服记者，业务就这样艰难地开展了起来。而此后的迅速发展则是很多人始料不及的，第三年马云就赚了500万元的利润。

1999年2月，马云被邀参加了在新加坡举行的亚洲电子商务大会。会后，马云决定回老家杭州创办"阿里巴巴"网站。马云选择杭州的理由非常简单：远离北京、深圳这些IT中心，人力资源相对便宜。

从上面的叙述可见，虽然马云是一位爱冒险、爱挑战的商业奇才，但是在他的性格中同样有着"谨慎从商"的理念。从创办"阿里巴巴"的模式、电子网站的功能定位以及选址都经过了仔细的思考，这其中的每一步，他既发挥了自己敢于冒险的性格，又发挥了谨慎性格中的思考能力。

1999年3月10日，阿里巴巴公司在杭州马云家中诞生。经过几个月的筹备建设后，www.Alibaba.com在互联网上出现了，效果立竿见影，有一个青岛商人，每年都从韩国进口一种设备，他坚信设备的产地其实就在中国，但始终无法找到。后来他偶然发现了阿里巴巴，就在上面发了一条求购信息，不料几天之内就同该设备的中国厂家联系上了！令他更惊奇的是，该厂家竟然就在青岛！

一传十，十传百，阿里巴巴网站在商业圈中声名鹊起。但马云知道，阿里巴巴面临着一个巨大的战略选择——国内电子商务尚不成熟，只有利用发达国家已深入人心的电子商务观念，为外贸服务，才是真正利润丰厚的大鱼。于是，马云再次发挥了他性格方面的优势——用自己

十二、自制的人把握自己：掌控自己的时间和生活

极具说服力的口才去征服全世界。

1999年至2000年，马云像一只大鸟不停息地在空中飞行，他参加了全球各地尤其是经济发达国家的所有商业论坛，去发表疯狂的演讲，用他那超人的演说天赋去宣传他全球首创的 B2B（商家对商家交易）思想，宣传阿里巴巴。他相信自己就是一台永不停息的发动机，是一台促销机器。

他一个月内可以去三趟欧洲，一周内可以跑七个国家。他每到一地，总是不停地演讲，他在 BBC（英国广播公司）做现场直播演讲，在全球著名高等学府麻省理工学院、沃顿商学院、哈佛大学演讲，在"世界经济论坛"演讲，在亚洲商业协会演讲。他挥舞着他那干柴一样的大手，对台下的听众尖声叫道："B2B 模式最终将改变全球几千万商人的生意方式，从而改变全球几十亿人的生活！"他在哈佛与诺基亚总裁同台辩论，赢得台下上千人起立鼓掌！怪异的长相、雄辩而煽动性极强的口才和超越全球的商业思想，竟然综合交融在这个枯瘦弱小的中国人身上，听众无不为之惊讶。

2000年7月17日，《福布斯》评价马云："有着拿破仑一样的身材，更有拿破仑一样的伟大志向！"

很快，马云和阿里巴巴在欧美名声日隆，来自国外的点击率和会员呈爆增之势！到 2000 年底，阿里巴巴会员以每日增长 2000 名左右的速度发展，每天可收到 3500 条商品供求信息。700 余种商品信息按类别和国别分类。

如今，阿里巴巴已是全球最大 B2B 网站，同时也被业界公认为全球最优秀的 B2B 网站。

马云的成功说明了性格是一个人从事何种职业的导向，但是对多种性格优势上的把握则决定了成功的可能性。可以说，一个人必须要发挥他性格上的优势才能取得事业上的成功。比如，当教师就必须要发挥耐心的性格优势；做市场营销就必须发挥自己善于与别人打交道的性格优势；做广告就必须发挥自己思路敏捷、创意多多的性格优势……如果你不去发挥你性格方面的优势，那么不论你有多么好的性格，都犹如拿一把削铁如泥的宝剑去切白菜一样可悲。

不要挥霍你的时间

很多人都有浪费时间的习惯，他们没有认识到时间的价值，而等他们了解到时间的可贵时往往已经太晚了，因为时间虽然看起来很长，但一旦过去了就永远也找不回来了。

从前，在非洲有一个大富翁，名叫时间。他拥有无数的家禽和牲口，他的土地无边无际，他的田里什么都种，他的大箱子里塞满了各种宝物，他的谷仓里装满了粮食。

这个富人拥有这么多的财产，连国外的人也知道了，于是，各国商人远道而来，随同的还有舞蹈家、歌手、演员。各国派遣使者来，只是为了要看一看这位富人，回国后就可以对百姓说，这个富人怎么生活，样子是怎样的。

富人把牛羊、衣服送给穷人，于是人们说世界上没有一个人比他更慷慨了，还说，没有看见过时间富人的人这辈子就等于白活了。

又过了很多年，有一个部落准备派出使者去向富人问好。临行前部落的人对使者说：

"你们到时间富人的国家去，要想法见到他，你们回来时，告诉我们，他是否像传说中的那么富有，那么慷慨。"

使者们走了好多天，才到达了富人居住的国家。在城郊遇到了一个

憔悴的、衣衫褴褛的老头。

使者问："这里有没有一个时间富人？如果有，请您告诉我们，他住在哪里。"

老人忧郁地回答：

"有的。时间就住在这里，你进城去，人们会告诉你的。"

使者进了城，向市民们问了好，说："我们来看时间，他的声名也传到了我们部落，我们很想看看这位神奇的人，准备回去后告诉同胞。"

正当使者说这话的时候，一个老乞丐慢慢地走到他们面前。

这时有人说：

"他就是时间！就是你们要找的那个人。"

使者看了看衣衫褴褛的老乞丐，简直不相信自己的眼睛。

"难道这个人就是传说中的富人吗？"他们问道。

"是的，我就是时间，我现在变成不幸的人了。"老头说，"过去我是最富的人，现在是世界上最穷的人。"

使者点点头说：

"是啊，生活常常这样，但我们怎么对同族人说呢？"

老头想了想，答道：

"你们回到家里，见到同族人，对他们说：'记住，时间已不是过去的那个样子！'"

时间就像是海绵，要靠一点一点地挤；时间更像边角料，要学会合理利用，一点一滴地累计，才会得到较长的时间。

雅克那时大约只有14岁，年幼疏忽，对于拉尔·索及埃先生那天告诉他的一个真理，未加注意，但后来回想起来真是至理名言，尔后他就从中得到了不可限量的益处。

拉尔·索及埃是他的钢琴教师。有一天，给他教课的时候，忽然问他，每天要花多少时间练琴。他说大约三四个小时。

"你每次练习,时间都很长吗?"

"我想这样才好。"雅克答。

"不,不要这样。"老师说,"你将来长大以后,每天不会有长时间空闲的。你可以养成习惯,一有空闲就几分钟几分钟地练习。比如在你上学以前,或在午饭以后,或在休息余暇,五分钟、十分钟地去练习。把练习时间分散在一天里面,如此弹钢琴就成了你日常生活的一部分了。"

当他在巴黎大学教书的时候,他想兼职从事创作。可是上课、看卷子、开会等事情把他白天晚上的时间完全占满了。差不多有两个年头他一字未写,他的借口是没有时间,这时,他才想起了拉尔·索及埃先生告诉他的话。

到了下一个星期,他就把他的话实践起来了。只要有5分钟的空闲时间,他就坐下来写一百字或短短几行。

出乎他意料之外,在那个星期的终了,他竟积有相当可观的稿子了。

后来他用同样的方法积少成多,创作长篇小说。他的授课工作虽然十分繁重,但是每天仍有许多可资利用的短短余闲,他同时还练习钢琴。他发现每天小小的间歇时间,足够他从事创作与弹琴两项工作。

利用短时间,其中有一个诀窍,能帮助你把工作进行得迅速,那就是事前思想上要有所准备,到了工作时间来临的时候,立即把心神集中在工作上。

拉尔·索及埃先生对于雅克一生有极其重大的影响。由于他,雅克发现了如果能毫不拖延地充分利用极短的时间,就能积少成多地供给你所需要的长时间。

有一首诗是这样写的:

"他在月亮下睡觉,

十二、自制的人把握自己:掌控自己的时间和生活

他在太阳下取暖,

他总是说要去做什么,

但什么也没做就死了。"

　　这就像当我们自己还是一个孩子的时候我们对自己说,当我成为一个大人的时候,我会做这做那,我会很快乐;而当我们成为一个大人之后,我们又说,等我读完大学之后,我会做这做那,我会很快乐;当我们读完大学之后,我们又说,等我找到第一份工作的时候,我会做这做那,我会很快乐;当我们找到第一份工作之后,我们又会说,当我结婚的时候,我会做这做那,我会得到快乐;当我们结婚的时候,我们又会说,当孩子们从学校毕业的时候,我会做这做那,并得到快乐;当孩子们从学校里毕业的时候,我们又说,当我退休的时候,我会做这做那,并得到快乐。当我们退休的时候,真正步入了我们的晚年,我们看到了什么?我们看到生活已经从我们的眼前走过去了。

　　什么是时间?我们在哪里?对这个问题的回答是:时间是现在,我们在这里。让我们充分利用此时此刻。这句话的意思并不是说我们不需要计划未来,相反,这正意味着我们需要计划未来。如果我们最大限度地利用此时此刻,善用现在,那么我们就是在播种未来的种子,难道不是吗?

　　生活中最可悲的话语莫过于:"它本来可以这样的"、"我本来应该"、"我本来能够"、"如果当时我……该多好啊",生命是不能开玩笑的,从来就没有虚拟语气的说法。我们之所以会把问题搁置在一旁,最主要的原因就在于我们还没有学会对自己的人生负责任,没有学会珍视时间,这也是我们后来后悔的时候痛苦不堪的原因。

　　珍惜时间,合理利用时间的人才是会生活的人。时间一去不复返,浪费时间就是白白浪费生命。

做自己生命的主人

做自己生命的主人，我们必须运用自己自由选择的权利。作为自己生活的"总统"，你每天、每个小时都可以做出自由的选择，我们每个人都能顶得住灾难和烦恼，这就需要你有一个良好的积极的性格。

对于一个人来说最坏的事情莫过于总认为自己生来就是不幸之人，认为自己总是得不到幸运女神的垂青。事实上，在我们的思想王国之外，根本就没有什么幸运女神。我们的命运掌握在自己的手里，命运要靠自己去主宰。

在同一个社会环境里，人的命运之所以会表现出极大的不同，主要是由一系列客观条件与主观条件的不同所造成的。换句话说，内因即主观条件是人的命运变化的根据，具有一定的决定性，外因是通过内因而发挥其作用的。由此，无论是人类发展的实践，还是科学理论的分析，最终的研究结论就一句话：个人的命运主要由个人去把握。

快乐与烦恼往往很容易受外界因素的左右，同时也受自己性格的影响。这样的人经常表现得喜怒无常，搞得他人束手无策，只好对他避而远之。结果导致他的心情很压抑、沉重，更加苦恼、烦躁。

实际上，这样的苦恼仍需自己解决，问题的症结就在于自己的认知评价系统如何对外界刺激应答和选择。

古代，曾有位学者向南隐请教禅学。南隐以茶相待。他将茶水倒入杯中，杯满后，他还接着倒。学者说："师父，茶已溢出来了，不要倒了。"南隐说："你就好比这茶杯一样，里面装满了你自身的看法和观点。假如你不首先把你自己的杯子倒空，叫我怎样对你说禅？只有心虚才能容道。"由此可见，假如心中有自己的成见，认为人们不可能征服烦恼，那么，你就听不进他人的箴言了。

每个人一旦降临到这个世上，便陷入动荡不定的境遇之中，悲哀、愤怒、忧虑、愧疚和烦恼可能会不间断地困扰着每个人，给人们的精神套上沉重的枷锁。

面对现实的挑战，你能抵御消极情绪的袭击吗？你能够征服烦恼吗？你能够主宰自己吗？回答是肯定的。只要你相信：问题的症结就在于你的认知评价系统中。

人们常常会错误地认为，生活得快乐与否，完全取决于外界刺激的大小。外界刺激大，烦恼就大；外界刺激小，烦恼也会随之变小。实际上，这中间忽视了一个很关键的问题，就是你自己头脑对外界刺激的加工。

比如，面对火车晚点这一不良刺激，有些人大发雷霆，急得团团转，焦躁上火；有些人则到服务部买点东西吃，坦然地等待；有些人则坐在候车室给朋友写封信，充分利用一下时间。很显然，这3种不同的反应，绝不是由外界刺激的大小决定的，而是由他们对同一刺激的不同态度决定的。

由此可知，仅仅是环境并不能使我们快乐或不快乐，造成我们心境的是我们对外界环境刺激反应的选择。换句话说，事件本身没有压力，它们是否使我们感到紧张、有压力在于我们以什么样的思考方式和方法看待它们。

假若你选择悲伤的事，浑身会充满凄凉的感觉；假若你选择恐惧的事，你会感到毛骨悚然，浑身冒冷汗；假若你选择生病的事情来思考，自然会愁容满面；假若你选择令人喜悦的事情来思考，定是眉飞色舞；假若你毫无信心，失败会接踵而来……因此，只要你充分相信自己，经常梳理自己性格上的不良因素，排解负面和消极的性格因素，永远保持乐观向上的性格，就能做自己生命的主人。

实现自身价值，先要找到自己的位置

我们对事物的价值都有一个大致的评价，知道什么是珍贵，什么是微不足道。那么，我们自身的价值何在？热门话题、流行时尚、理想职业、最新潮流……在社会的喧嚣中，在他人的影响下，很多人迷失了自我，看不清自己真正的价值，总是按照他人的看法设计自己的人生——让自己"生活在别处"。

一般人总是相信，当他们投身于时下最为热门的行业，就俨然处于社会光环的中心，就会得到权力、地位和财富，实现自我的价值。不过，等他们花尽毕生的力气追求之后，他们才恍然大悟，原来自己真正应该做的事情没有做，自己所追求的很多热门根本不适合自己，或者根本就没有意义，只是炫目的泡沫。

在美国的一个小酒吧里，一位年轻小伙子正在用心地弹奏钢琴。说实话，他弹得相当不错，每天晚上都有不少人慕名而来，认真倾听他的弹奏。一天晚上，一位中年顾客听了几首曲子后，对那个小伙子说："我每天来听你弹奏这些曲子，你弹奏的那些曲子我熟悉得简直不能忍受了，你不如唱首歌给我们听吧。"这位顾客的提议获得了不少人的赞同，大家纷纷要求小伙子唱歌。

然而，那个小伙子面对大家的请求却变得腼腆起来，他抱歉地对大家说："非常对不起，我从小就开始学习弹奏乐器，从来没有学习过唱歌。我长年累月地坐在这里弹琴，恐怕会唱得很难听。"那位中年顾客却鼓励他说："小伙子，正因为你从来没有唱过歌，或许连你自己都不知道你是个歌唱天才呢！"此时酒吧的经理也出来鼓励他，免得他扫了大家的兴。

小伙子认为大家想看他出丑，因此坚持说只会弹琴，不会唱歌。酒吧老板说："你要么选择唱歌，要么另谋出路。"小伙子被逼无奈，只好红着脸唱了一曲《蒙娜丽莎》。哪知道他不唱则已，一唱惊人，大家都被他那流畅自然、男人味十足的唱腔迷住了。在大家的鼓励下，那个小伙子放弃了弹奏乐器的艺人生涯，开始向流行歌坛进军。这个小伙子后来居然成为美国著名的爵士歌王，他就是著名的歌手纳京高（NatKingCole）。

要不是那次偶然的开口一唱，纳京高或许永远都坐在酒吧里做一个三流的演奏者。

其实，我们每个人从事的事业不一定是最适合我们的工作。我们熟悉了一项工作之后，往往害怕变化。我们就在时光的流逝中失去了自己真正的才华。开阔视野，多去尝试一下，或许你会在其他的领域做得更好。

"人摆错了位置就永远是庸才。"事实上，很多时候是我们自己把自己当成了垃圾随地乱扔，荒废了自己的才能。我们现在身处市场经济的时代，市场经济的运作强调把资源配置到最能发挥效率的地方，我们自身也是一种资源，应该寻找最适合我们的岗位，并对自己的兴趣保持一份坚定与执著的性格。

有一个生长在孤儿院中的小男孩，经常悲观地问院长："像我这样的没人要的孩子，活着究竟有什么意思呢？"院长总是笑而不答。

有一天，院长交给男孩一块石头说："明天早上，你拿这块石头到市场上去卖，但不是'真卖'。记住，无论别人出多少钱，绝对不能卖。"

第二天，男孩拿着石头蹲在市场的角落，意外地发现有不少人对他的石头感兴趣，而且价钱愈出愈高。回到院内，男孩兴奋地向院长报告，院长笑笑，要他明天拿到黄金市场去卖。在黄金市场上，有人出比昨天高 10 倍的价钱来买这块石头。

最后，院长叫孩子把石头拿到宝石市场上去展示。结果，石头的身价又涨了 10 倍，更由于男孩怎么都不卖，竟被传扬为"稀世珍宝"。

男孩兴冲冲地捧着石头回到孤儿院，把一切告诉给院长，并问为什么会这样。院长没有笑，望着孩子慢慢说道：

"生命的价值就像这块石头一样，在不同的环境下就会有不同的意义。一块不起眼的石头，由于你的珍惜、惜售而提升了它的价值，竟被传为稀世珍宝。你难道不就像这块石头一样？只要自己看重自己，自我珍惜，生命就有意义，有价值。"

自己把自己不当回事，他人更瞧不起你，生命的价值首先取决于你自己的性格。珍惜独一无二的你，珍惜这短暂的几十年光阴，然后再去不断充实、发掘自己，世界才会认同你的价值。

的确，假如你自己都不把自己当回事，就别指望他人会器重你。

印象派大师梵·高的画，很多人看过后都留下深刻的印象，他那黄色炽热的色彩和充满动感的线条，给予我们强烈的感受。梵·高的一生有着坎坷的境遇，他从 26 岁才正式开始学画，他在给弟弟的信中说，我学习绘画很晚，而且我的生命很可能也只剩下 10 年的时间了，因此，要加紧创作。果然，他在 37 岁就过世了，但是仅仅 10 年间他却留给我们很多不朽的作品。在艺术上的成就，他开创了一个新的时代。

十二、自制的人把握自己：掌控自己的时间和生活